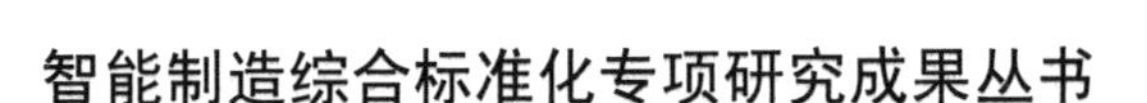
智能制造综合标准化专项研究成果丛书

智能制造行业应用标准研究成果（一）

国家智能制造标准化总体组　主编

電子工業出版社
Publishing House of Electronics Industry
北京•BEIJING

内容简介

2015 年开始，工业和信息化部与财政部共同实施了“智能制造综合标准化与新模式应用”专项行动。专项行动包括智能制造综合标准化和新模式应用两部分内容。本系列丛书是 2015 年专项中智能制造综合标准化的部分研究成果。丛书分为基础共性标准成果和行业应用标准成果两大体系，本书是其中行业应用标准成果的第一册，收录了 10 项标准成果：航空领域 8 项，船舶领域 2 项。

本书可供航空、船舶领域企业及科研院所相关人员参考阅读。

图书在版编目（CIP）数据

智能制造行业应用标准研究成果．一/国家智能制造标准化总体组主编．—北京：电子工业出版社，2019.7
（智能制造综合标准化专项研究成果丛书）
ISBN 978-7-121-36768-7

Ⅰ．①智…　Ⅱ．①国…　Ⅲ．①智能制造系统—标准—研究—中国　Ⅳ．①TH166-65

中国版本图书馆 CIP 数据核字（2019）第 111928 号

责任编辑：陈韦凯
印　　刷：天津嘉恒印务有限公司
装　　订：天津嘉恒印务有限公司
出版发行：电子工业出版社
　　　　　北京市海淀区万寿路 173 信箱　　邮编：100036
开　　本：880×1230　1/16　印张：9.25　字数：286 千字
版　　次：2019 年 7 月第 1 版
印　　次：2019 年 7 月第 1 次印刷
定　　价：168.00 元

凡所购买电子工业出版社图书有缺损问题，请向购买书店调换。若书店售缺，请与本社发行部联系，联系及邮购电话：（010）88254888，88258888。

质量投诉请发邮件至 zlts@phei.com.cn，盗版侵权举报请发邮件至 dbqq@phei.com.cn。

本书咨询联系方式：chenwk@phei.com.cn。

编 委 会

主　　编：董景辰

副 主 编：杨建军　　王麟琨

参编人员：王春喜　　刘　丹　　史学玲　　丁　露　　吴东亚　　卓　兰

张　晖　　周　平　　郭　楠　　范科峰　　胡静宜　　黎晓东

王　英　　徐建平　　张岩涛　　徐　鹏　　涂　煊　　柴　熠

李翌辉　　史海波　　王克达　　于秀明　　赵奉杰　　鞠恩民

于美梅　　苗建军　　谢兵兵　　郝玉成　　朱恺真　　王　琨

朱毅明　　徐　静

编 者 按

2015 年开始，工业和信息化部与财政部共同实施了“智能制造综合标准化与新模式应用”专项行动，专项包括智能制造综合标准化和新模式应用两部分内容。本系列丛书是2015年专项中智能制造综合标准化的部分研究成果。丛书分为基础共性标准成果和行业应用标准成果两大体系。其中，基础共性标准成果的第一册——《智能制造基础共性标准研究成果（一）》已于2018年12月出版，该书收录了16项标准成果。本书是行业应用标准成果的第一册，收录了10项标准成果，每项成果均按照GB/T 1.1—2009《标准化工作导则　第1部分：标准的结构和编写》的要求进行编写。

此次出版的标准研究成果符合国家标准化委员会与工业和信息化部2015年发布的《智能制造标准体系建设指南》。根据专项的考核目标，标准的研究成果是形成标准草案，在此基础上再申报国家标准或者行业标准立项。目前，已有一部分成果完成国家标准或者行业标准的立项，也有不少成果已经在企业中得到应用。

按照工业和信息化部发布的《智能制造综合标准化和新模式管理办法》规定，专项标准的研究过程须经过三次技术审查。审查专家组由该领域的技术专家和标准化专家组成，其中至少包含两名国家智能制造标准化专家咨询组的专家。每次审查会都形成会议纪要、专家审查意见及专家审查意见汇总处理结果。所形成的标准（草案）还必须经过验证，由专项的项目承担单位建设验证平台，并在一个以上的企业现场创建验证环境（2016年以后要求在三个以上的企业现场搭建验证环境）。通过举证、平台、现场三种验证方式，使验证覆盖标准（草案）的全部内容，从而保证了标准（草案）有较好的完整性、准确性和可操作性。

智能制造标准的特点是综合性非常强，不但在内容上要将设计、制造、通信、软件、管理等多个领域的技术融合在一起，而且还要进行全面的验证，所以技术难度是很大的。这也是对标准化工作一个新的挑战。感谢专项的承担单位、参研单位和众多的技术专家，他们付出了巨大的努力，克服了很多困难，最终取得了较好的成果。

希望本丛书的出版能对业界推进企业智能制造转型升级有所帮助，并希望大家对丛书的内容提出宝贵的意见。

《智能制造综合标准化专项研究成果丛书》编委会

2019年3月

目　录

成果一

航空机加数字化车间　参考架构

引　言

标准解决的问题：

本标准规定了航空机加数字化车间的参考架构和层级描述。

标准的适用对象：

本标准适用于航空机加数字化车间的技术改造。

专项承担研究单位：

中国航空综合技术研究所。

专项参研联合单位：

中国航空综合技术研究所、中国电子技术标准化研究院、昌河飞机工业（集团）有限责任公司、西安飞机工业（集团）有限责任公司。

专项参加起草单位：

昌河飞机工业（集团）有限责任公司、西安飞机工业（集团）有限责任公司。

专项参研人员：

蔡金辉、邵华、张岩涛、苗建军、彭有云、郑朔昉、王海桂、赵丽君、陈素明。

航空机加数字化车间　参考架构

1　范围

本标准规定了航空机加数字化车间的参考架构和层级描述。

本标准适用于航空机加数字化车间的技术改造。

2　规范性引用文件

下列文件对于本文件的应用是必不可少的。凡是注日期的引用文件，仅所注日期的版本适用于本文件。凡是不注日期的引用文件，其最新版本（包括所有的修改单）适用于本文件。

GB/T 25485　工业自动化系统与集成　制造执行系统功能体系结构

GB ×××××　数字化车间　术语和定义

HB ×××××　航空机加数字化车间　生产管理集成

HB ×××××　航空机加数字化车间　装备智能化管理

3　术语和定义

GB/T 25485 和 GB ×××××《数字化车间　术语和定义》界定的以及下列术语和定义适用于本标准。

3.1

数字化车间　digital workshop（digital shop floor）

数字化车间是以物理车间为基础，以信息技术等为方法，用数据连接生产运营过程的不同单元，对生产进行规划、管理、诊断和优化，实现产品制造的高效率、低成本、高质量。

4　参考架构

4.1　总体架构

航空机加数字化车间参考模型采用三层架构（如图 1 所示），其中：

a）设备层：指车间现场具体的硬件设备，包括数控加工设备、数字测量设备、工装工具、仓储设备、物流设备等，是车间进行生产活动的物质技术基础。

b）控制层：通过现场设备层综合信息的采集分析和可视化，实现车间生产线的运行控制，如物流配送控制和仓储执行控制等，并实时反馈给制造运行管理层。

c）制造运行管理层：实现面向工厂/车间的生产数字化管理，包括质量管理、制造执行管理、智能仓储与物流管理、设备智能化管理。其中制造执行管理以生产跟踪为主线，对高级排产、智能调度、数字看板管理、机加生产常规管理等车间级业务实施管控；智能仓储与物流管理对毛坯、成品/半成品、刀具库等进行智能仓储管理和智能配送管理；质量管理实现 MBD 检验规划、检验数据管理和质量控制评价。

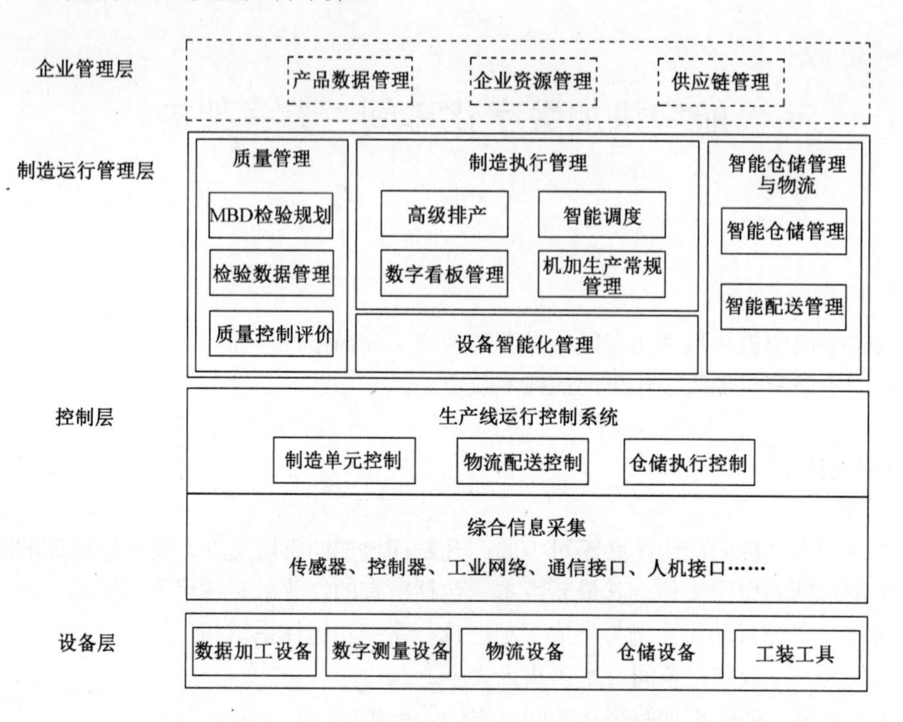

注：三层架构之处的企业管理层为数字化车间的生产运行提供顶层管理依据（如工艺信息、生产计划、设备状态等），其主要活动包括产品数据管理、企业资源管理和供应链管理等。

图 1 参考架构

4.2 功能特征

航空机加数字化车间应具备以下功能特征：

a）基于机加件的全三维数字化模型，实现车间工艺、生产和检验过程的数字化贯通。

b）基于需求拉动，实现高级排产、智能调度、物料及时配送，促进生产的精益化和准时化。

c）基于数控加工设备和数字化测量系统，实现零件或毛坯的精准加工。

d）基于数据采集与监视控制，实现对车间生产状态的实时感知，包括数控加工设备的运行状态、毛坯/零件/刀具的库存和配送状态等。

5 车间层级描述

5.1 设备层

5.1.1 功能内容

设备层的主要功能内容包括：

a）车间现场物理设备之间以及设备层与控制层之间应实现高质量、低延迟的数据通信。

b）数控加工设备主要完成线前机加件毛坯的基准定位加工、余量去除，以及线上零件成形的切削加工。

c）数字化测量设备主要完成机加件加工过程中的工序检验和产品终检。

d）物流设备主要完成毛坯、零件、刀具在数控加工单元之间，以及数控加工单元与仓储设备间的及时配送。

e）仓储设备主要完成毛坯、零件、刀具的存放、提取。

f）工装工具指制造过程中所用的各种工具，用于辅助生产。

5.1.2 功能模型

设备层功能模型主要接收从控制层发来的数据，完成毛坯准备、物流配送、零件粗加工/精加工、检验测试等工作，并将执行过程中的检测数据、配送反馈信息、运行状态等实时传递给控制层，如图2所示。

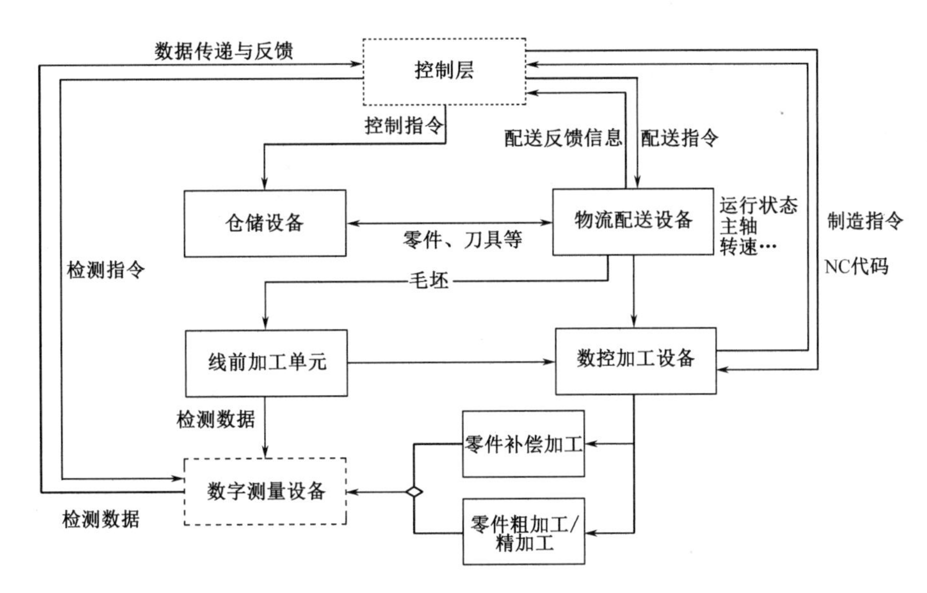

图2 设备层功能模型

5.1.3 功能要求

现场设备层的主要功能要求包括：

a）数控加工设备、智能物流设备、智能仓储设备、测量设备等可通过现场总线，实现和数据采集与监视控制系统进行互联互通。

b）操作工人可利用PC终端接收制造指令（FO），并可反馈加工完成信息以及配送指令等。

c）可通过RFID或者条码等实现毛坯、零件、刀具等配送过程状态的感知和控制。

d）通过在线测量手段控制生产线产品质量。

5.2 控制层

5.2.1 功能内容

控制层的主要功能内容包括：

a）数据采集：包括车间运行过程中产生的生产监视类数据、生产控制类数据、测量数据、刀具信息、环境能耗数据、物流配送数据、仓储管理数据等。

b）数据分析和可视化：对采集的数据进行整理分析，并按照一定规则将数据可视化，实现对车间实时监控。

c）上下层数据的转发：一方面，将采集数据和分析数据传递给制造运行管理层，支撑车间生产管控；另一方面，接收制造运行管理层的数据，并将数据下发给现场设备。

5.2.2 功能模型

控制层主要通过数据总线、通信协议与接口，实现与各类现场设备控制系统的互联互通，进而实时监控各类设备的使用状态数据，经过数据库的存储及数据分析，将数据以适当的形式展示出来，为制造运行管理层的相关业务活动提供支撑。具体的控制层功能模型如图3所示。其中，数据采集与监视控制系统通过实时采集分析制造单元执行控制系统、仓储执行控制系统等的相关数据，实现车间总体状态感知；制造单元执行控制系统通过与数控系统、PLC系统以及机床电控部分的集成，实现对机床数据采集部分的自动化执行；物流配送控制系统实现毛坯、零件等成品以及刀具从起点工序至加工工序完成的全自动化输送；仓储执行控制系统实现成品和刀具在仓储库中的自动化存取。

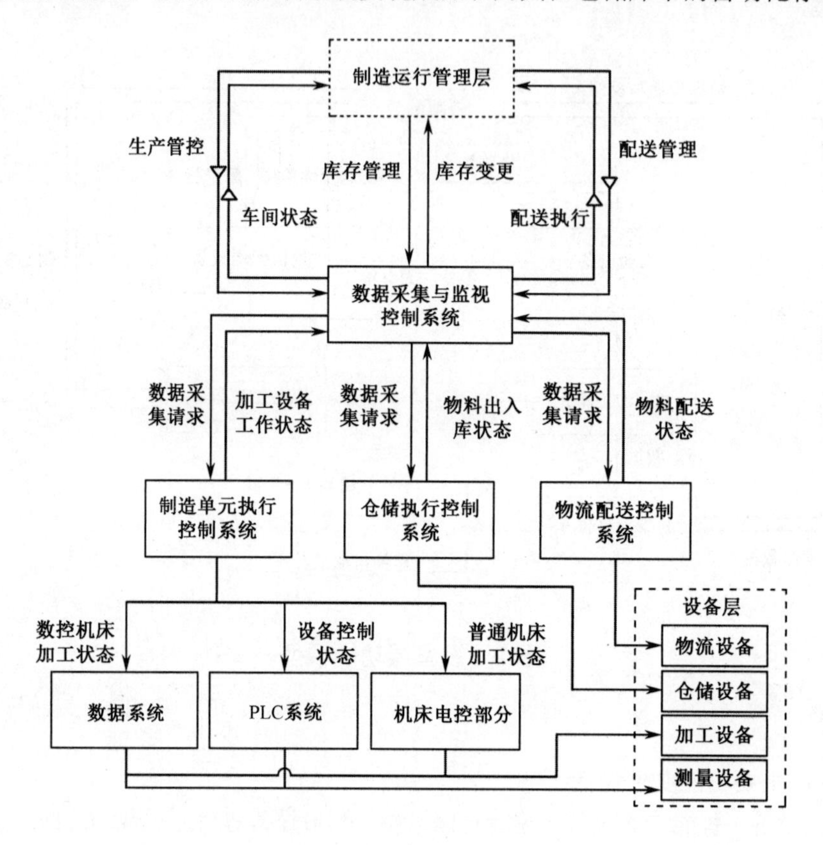

图3 控制层功能模型

5.2.3 功能要求

控制层的功能要求包括：

a）通过数据接口实现与上下层（制造运行管理层和设备层）的数据实时采集/归档/转发。

b）数据总线应能够满足不同设备之间的互联。

c）系统数据库应能实现对不同设备产生的不同类型数据的存储与分析。

d）提供生产线设备的状态图、趋势图、报警显示和事件显示。

5.3 制造运行管理层

5.3.1 功能内容

制造运行管理层的主要功能内容包括：

a）制造执行管理：

1）高级排产：依据主生产计划和设备运行状态数据，采用数学模型和智能排产优化算法，构建资源约束条件模型，实现以保护瓶颈、重要资源效率为目标的工序排产计划。

2）智能调度：依据排产计划，实时推送生产任务信息（包括图号、名称、开工时间、完工节点等）至现场终端。

3）数字看板管理：通过采用以安全、质量、成本、交付、人员等五大绩效指标为内容的 SQCDP 可视化管理，实现生产控制管理流程的优化、现场相关环节的主动管理、生产现场问题的快速响应和解决、生产过程控制与持续改进。

4）机加生产常规管理：实现生产过程管理，跟踪生产进度，及时推送反馈现场问题。

b）智能仓储与物流管理：

1）智能仓储管理：根据排产计划，自动从立体库中提取毛坯、零件、刀具等，完成出入库管理。

2）智能配送管理：依据排产计划，自动生成配送计划，通过信息化网络传递到智能物流系统或其他工作终端，实现数控程序、制造指令、物料、刀具和零件等的自动配送，并接收来自智能物流系统的配送反馈信息。

c）质量管理：

1）MBD 检验规划：从航空机加件的 MBD 模型获取模型检测要求，生成检验规程和测量程序。

2）检验数据管理：实现测量程序管理和推送，实时存储检测数据，记录工序检测结果。

3）质量控制评价：针对现场采集到的生产线质量控制点的检测数据，通过统计过程控制技术等进行实时分析，有效控制生产质量。

d）设备智能化管理：实现数控加工设备、数字化测量设备等的报修、定检、维修等活动的管理。

5.3.2 功能模型

制造运行管理层主要从 PDM 系统中获取工艺信息，从 ERP 系统中获取生产计划和设备状态信息，基于排产算法和原则，进行高级排产；然后，将详细工序作业计划下发到现场，根据现场执行情况实时调度；及时将数控程序、三维制造指令（FO）等信息自动推送到生产加工设备的控制系统和 PC 端；通过实时采集执行过程的生产相关数据跟踪生产进度；依据采集的数据进行智能分析，优化生产进度，调整计划排产，并将生产进度和绩效相关信息反馈到企业生产部门或 ERP 系统，完成车间计划的闭环管理，如图 4 所示。

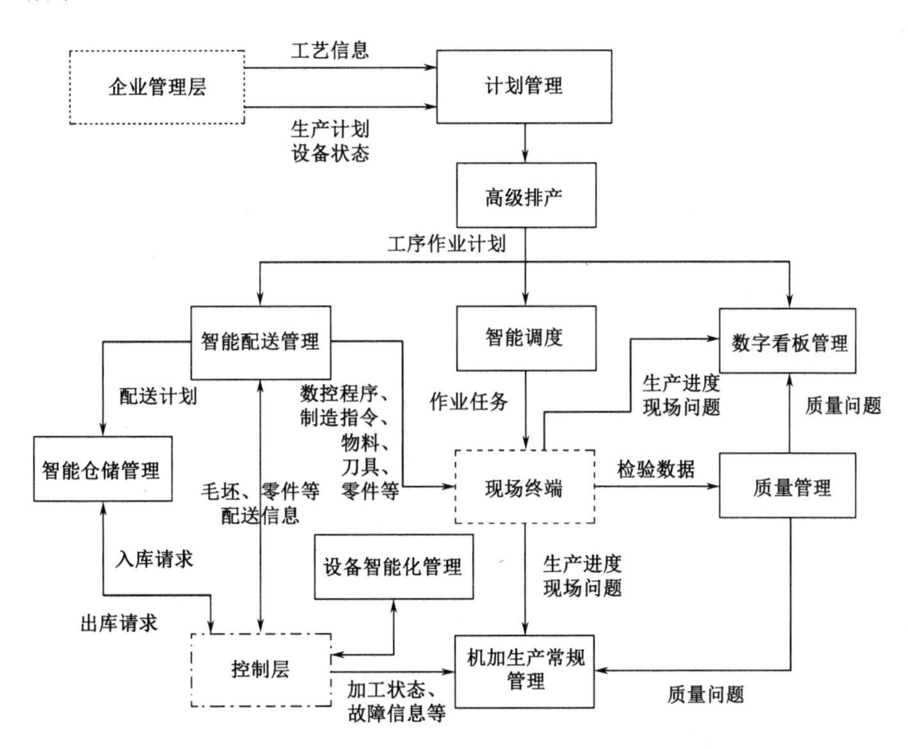

图 4 制造运行管理层功能模型

5.3.3 功能要求

制造运行管理层的功能要求包括：

a）通过总线能够实现各管理系统之间的集成，能够实现管理系统与控制层、企业管理层的信息传递。

b）制造执行管理的功能要求按 GB/T 25485 执行，并满足 HB×××××《航空机加数字化车间 生产管理集成》的相关要求。

c）设备智能管理应满足 HB×××××《航空机加数字化车间 装备智能化管理》的相关要求。

d）智能分析能够实现基于控制层实时采集数据以及现有的设备资源，实现对工艺路线、物流配送等方面进行优化。

e）智能仓储与物流管理能够实现加工过程中毛坯、零件、刀具的使用状态和位置信息的实时管理。

f）智能调度应能实时获取加工进度、各生产要素运行状态，以及生产现场各种异常信息，具备快速反应能力，可及时处理详细计划排产中无法预知的各种情况，保证作业有序、生产按计划完成。

g）质量管理应可实时获取生产线质量控制点的检测数据，通过质量数据分析，实现对生产线的加工过程控制。

成果二

航空机加数字化车间　工艺参考架构

引　言

标准解决的问题：

本标准规定了航空机加数字化车间的工艺参考架构及其各层级要素的描述方法。

标准的适用对象：

本标准适用于航空机加数字化车间的技术改造。

专项承担研究单位：

中国航空综合技术研究所。

专项参研联合单位：

中国航空综合技术研究所、中国电子技术标准化研究院、昌河飞机工业（集团）有限责任公司、西安飞机工业（集团）有限责任公司。

专项参加起草单位：

昌河飞机工业（集团）有限责任公司、西安飞机工业（集团）有限责任公司。

专项参研人员：

王康、熊曦耀、夏晓理、张岩涛、余春雷、曲忠乙。

航空机加数字化车间　工艺参考架构

1　范围

本标准规定了航空机加数字化车间的工艺参考架构及其各层级要素的描述方法。

本标准适用于航空机加数字化车间的技术改造。

2　规范性引用文件

下列文件对于本文件的应用是必不可少的。凡是注日期的引用文件，仅所注日期的版本适用于本文件。凡是不注日期的引用文件，其最新版本（包括所有的修改单）适用于本文件。

HB ××××× 航空机加数字化车间　参考架构

HB ××××× 航空机加数字化车间　生产管理集成

HB ××××× 航空机加数字化车间　装备智能管理

3　术语和定义

HB ×××××《航空机加数字化车间　参考架构》界定的以及下列术语和定义适用于本文件。

3.1

工艺参考架构　process reference architecture

对工艺中起重要作用的各个方面分层次进行清晰描述的结构关系。

4　数字化机加工艺特征

数字化工艺是工艺部门利用 MBD 模型开展工艺设计、工装设计、工艺规程及检验规程编制等工艺工作。数字化机加工艺一般应具有以下特征：

a）应以 MBD 模型作为工艺活动的唯一数据源。

b）具有能统筹管理机加工艺过程数据的数字化平台，工艺规划、工艺分工等主要工艺活动可基于此平台开展。

c）具有进行工艺仿真、数控编程仿真、生产线布局仿真等仿真工作的仿真软件，如 VERICUT、DILMIA、CATIA 等。

d）工艺指令文件如制造指令（FO）、检验规程等以电子文档形式发送至现场终端进行生产。

e）加工过程的检验数据通过数字化量具、三坐标测量机等数字化手段进行采集。

5　机加工艺参考架构

机加工艺参考架构可分为工艺规划层、生产线层、工序层三个层次，机加工艺参考架构图如图 1 所示。工艺规划层是依据相关的输入文件，完成生产线的产能分析以及工艺路线制定；生产线层是按照工艺总方案要求对生产线进行布局或调整，以适应工艺路线要求；工序层是依据工艺路线的工序划分和生产线的资源配置情况，对加工基本信息、加工工序和检验工序进行详细描述。

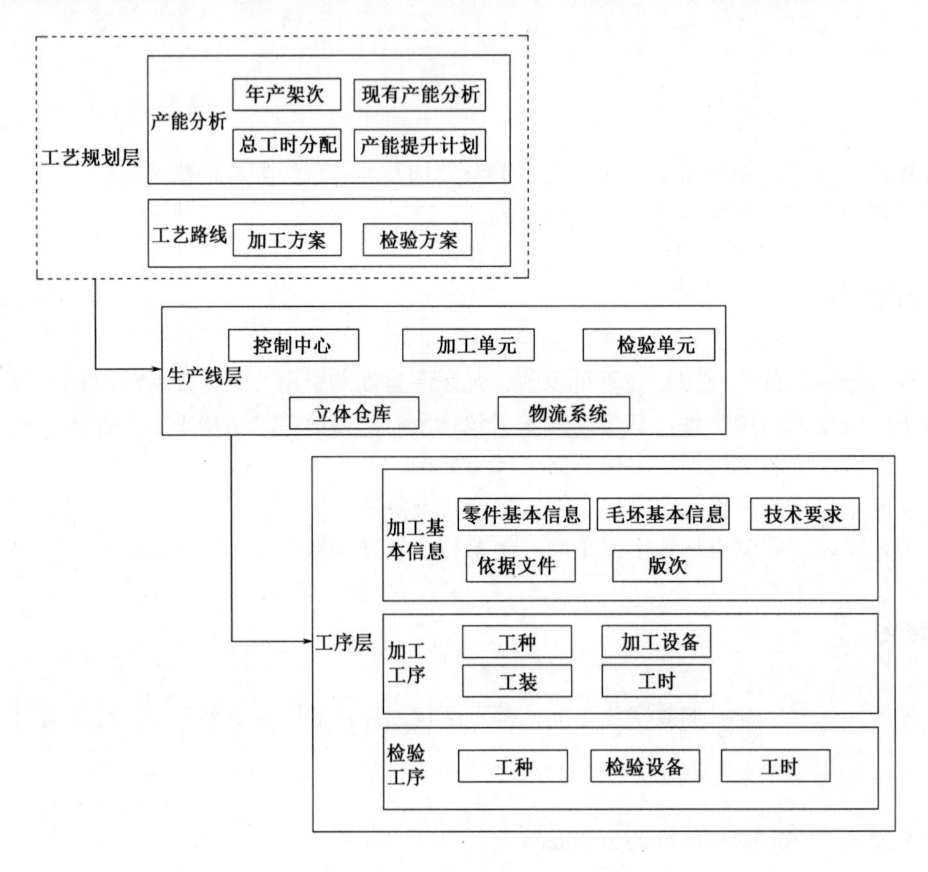

图 1　机加工艺参考架构图

6　工艺参考架构要素描述

6.1　工艺规划层

6.1.1　产能分析

产能是在计划期内，车间参与生产的全部固定资产，在既定的组织技术条件下所能生产的产品数量。生产线产能分析一般应包括以下要素：

a）生产线名称；

b）生产线编号；

c）年产架次；

d）总工时分配；

e）零件；

f）现有产能分析；

g）产能提升计划。

生产线产能分析信息要素的描述如表 1 所示。

表 1 生产线产能分析信息

<table>
<tr><th colspan="2">中文名称</th><th>英文名称</th><th>数据说明</th></tr>
<tr><td colspan="2">生产线名称</td><td>Product Line Name</td><td>依据各单位统一要求对生产线定义的名称</td></tr>
<tr><td colspan="2">生产线编号</td><td>Product Line Number</td><td>用于唯一标识本生产线的代号，一般由字母、数字和符号组成</td></tr>
<tr><td colspan="2">年产架次</td><td>Sorties per Year</td><td>企业年度交付飞机数量</td></tr>
<tr><td colspan="2">总工时分配</td><td>Total Man-hour</td><td>完成本零件加工所分配的总工时</td></tr>
<tr><td rowspan="3">零件</td><td>零件名称</td><td>Part Name</td><td>此生产线生产零件的名称</td></tr>
<tr><td>单架次数量</td><td>Number per Sorty</td><td>每架次飞机所需该零件的数量</td></tr>
<tr><td>单件平均工时</td><td>Man-hour per Single Part</td><td>生产一件该零件所耗费的平均工时</td></tr>
<tr><td rowspan="3">现有产能分析</td><td>可用工时</td><td>Usable Man-hour</td><td>当前生产线可分配至该零件生产的工时</td></tr>
<tr><td>零件合格率</td><td>Part Qualified Rate</td><td>零件的生产合格率</td></tr>
<tr><td>年产零件数量</td><td>Part Number per Year</td><td>生产线在可用工时的限制下一年可生产的零件数量（含不合格零件）</td></tr>
<tr><td colspan="2">产能提升计划</td><td>Capacity Promotion Plan</td><td>产能与计划不匹配时应采取的措施</td></tr>
</table>

6.1.2 工艺路线

工艺路线是结合对零件加工特征和现有生产线布局的分析制定的加工方案和检验方案。工艺路线一般应包含以下方面：

a）工艺路线名称。

b）工艺路线编号。

c）加工方案：

1）加工方法：完成加工所采用的最优机加方法（综合考虑加工精度和加工效率）。

2）加工路线：零件加工选用的加工单元的先后顺序。

d）检验方案：

1）检验方法：零件检验项目所采用的最优检验方法（综合考虑检验精度和检验效率）。

2）检验路线：零件检验选用的检验单元的先后顺序。

工艺路线要素的描述如表 2 所示。

表 2 工艺路线

中文名称	英文名称	数据说明
工艺路线名称	Process Route Name	依据各单位统一要求对工艺路线定义的名称
工艺路线编号	Process Route Number	用于唯一标识本工艺路线的代号，一般由字母、数字和符号组成
加工方案	Processing Scheme	描述零件加工所采用的加工方法、加工顺序及加工路线
检验方案	Inspecting Scheme	描述零件检验所采用的检验方法、检验顺序及检验路线

6.2 生产线层

6.2.1 控制中心

控制中心是对生产线上的制造资源（设备、物流、仓库等）进行集中管控，按上级指令对制造资源进行调配和监控，一般应包括设备管控系统、物流系统、仓储系统等。控制中心的描述一般应包含以下几个方面：

a）控制中心名称；
b）控制中心编号；
c）功能；
d）系统；
e）接口类型。
控制中心要素的描述如表 3 所示。

表 3　控制中心

中文名称	英文名称	数据说明
控制中心名称	Control Center Name	依据各单位统一要求对控制中心定义的名称
控制中心编号	Control Center Number	用于唯一标识本控制中心的代号，一般由字母、数字和符号组成
功能	Function	控制中心所管控的内容
系统	System	完成管控内容所需要的操作系统
接口类型	Interface Type	控制中心与其他系统的接口形式

6.2.2　加工单元

加工单元是数字化机加车间内为完成一定的加工工艺组合在一起的一组加工设备。加工单元的描述一般应包括以下几个方面：
a）加工单元名称；
b）加工单元编号；
c）功能；
d）加工设备；
e）产能。
加工单元要素的描述如表 4 所示。

表 4　加工单元

中文名称	英文名称	数据说明
加工单元名称	Fabrication Unit Name	依据各单位统一要求对加工单元定义的名称
加工单元编号	Fabrication Unit Number	用于唯一标识本加工单元的代号，一般由字母、数字和符号组成
功能	Function	对加工单元所能完成的加工内容进行描述，如完成毛坯基准加工
加工设备	Fabrication Equipment	加工单元所包含的加工设备名称及型号、数量
产能	Capacity	单班制所能完成的加工数量

6.2.3　检验单元

检验单元是生产中专门用于检验工作的场所。检验单元的描述一般应包括以下几个方面：
a）检验单元名称；
b）检验单元编号；
c）功能；
d）检验设备；
e）产能。
检验单元要素的描述如表 5 所示。

表 5　检验单元

中文名称	英文名称	数据说明
检验单元名称	Inspection Unit Name	依据各单位统一要求对检验单元定义的名称
检验单元编号	Inspection Unit Number	用于唯一标识检验单元的代号，一般由字母、数字和符号组成
功能	Function	对检验单元所能完成的检验内容进行描述，如完成成品的总检
检验设备	Inspection Equipment	检验单元所包含的加工设备名称及型号、数量
产能	Capacity	单班制所能完成的检验数量

6.2.4　立体仓库

6.2.4.1　毛坯库

毛坯库是专门用于贮存生产线零件加工所必需的毛坯的场所。毛坯库可按照贮存毛坯类型的不同分区管理，单个毛坯库分区的描述一般应包括以下几个方面：

a）毛坯库名称；

b）毛坯库编号；

c）零件名称；

d）零件图号；

e）当前存储量。

毛坯库要素的描述如表 6 所示。

表 6　毛坯库

中文名称	英文名称	数据说明
毛坯库名称	Roughcasts Warehouse Name	依据各单位统一要求对毛坯库定义的名称
毛坯库编号	Roughcasts Warehouse Number	用于唯一标识毛坯库的代号，一般由字母、数字和符号组成
零件名称	Parts Name	库中所存储毛坯对应的零件名称
零件图号	Parts Drawing Number	毛坯所对应的零件图号
当前存储量	Present Storage	当前毛坯库内该毛坯的总数

6.2.4.2　刀具库

刀具库是专门用于贮存生产线零件加工所必需的刀具的场所。刀具库可按照刀具类型的不同分区管理，单个刀具库分区的描述一般应包括以下几个方面：

a）刀具库名称；

b）刀具库编号；

c）刀具名称；

d）刀具型号；

e）配套设备；

f）当前存储量。

刀具库要素的描述如表 7 所示。

表 7　刀具库

中文名称	英文名称	数据说明
刀具库名称	Cutters Warehouse Name	依据各单位统一要求对刀具库定义的名称
刀具库编号	Cutters Warehouse Number	用于唯一标识刀具库的代号，一般由字母、数字和符号组成
刀具名称	Cutters Name	刀具的名称或型号

续表

中文名称	英文名称	数据说明
刀具规格	Cutters Specification	库中所存储刀具的规格大小
配套设备	Supporting Equipment	刀具所对应配套设备编号或代号
当前存储量	Present Storage	当前刀具库内刀具的总数

6.2.4.3 零件库

零件库是专门用于贮存生产线所加工的合格零件的场所。零件库可按照零件类型的不同分区管理，单个零件库分区的描述一般应包括以下几个方面：

a）零件库名称；

b）零件库编号；

c）零件名称；

d）零件类型；

e）零件图号；

f）当前存储量。

零件库要素的描述如表 8 所示。

表 8 零件库

中文名称	英文名称	数据说明
零件库名称	Parts Warehouse Name	依据各单位统一要求对零件库定义的名称
零件库编号	Parts Warehouse Number	用于唯一标识零件库的代号，一般由字母、数字和符号组成
零件名称	Parts Name	库中所存储零件的名称
零件类型	Parts Type	库中所存储零件的类型，如标准件、成品件等
零件图号	Part Drawing Number	设计文件中规定的零件图号或标准号
当前存储量	Present Storage	当前零件库内零件的总数

6.2.5 物流系统

物流系统是数字化车间内物料、刀具等配送系统，物流系统的描述一般应包含以下几个方面：

a）物流系统名称；

b）物流系统编号；

c）运输装置；

d）装卸装置；

e）控制系统。

物流系统要素的描述如表 9 所示。

表 9 物流系统

中文名称	英文名称	数据说明
物流系统名称	Logistics System Name	依据各单位统一要求对物流系统定义的名称
物流系统编号	Logistics System Number	用于唯一标识物流系统的代号，一般由字母、数字和符号组成
运输装置	Conveying Device	运输装置的名称及型号，包括运输车、运输轨道等
装卸装置	Handling Device	装卸装置的名称及型号，包括吊车、机械臂等
控制系统	Controling System	物流系统所采用的软件和硬件

6.3　工序层

6.3.1　加工基本信息

加工基本信息是对加工对象进行描述的基本信息，一般应包含以下几个方面：

a）零件基本信息：

1）零件名称；

2）零件图号；

3）所属装配图号；

4）零件理论重量；

5）关重件标识。

b）毛坯基本信息：

1）材料名称；

2）毛坯尺寸；

3）牌号规格；

4）热处理方式；

5）表面处理方式。

c）技术要求。

d）依据文件。

e）版次。

加工基本信息的要素描述如表 10 所示。

表 10　加工基本信息

中文名称		英文名称	数据说明
零件基本信息	零件名称	Part Name	设计文件中规定的零件名称
	零件号	Part Code	对应于设计文件中的零件图号
	所属装配图号	Assembly Drawing Number	设计文件中使用该零件的装配组件的图号
	零件理论重量	Theory Weight	按照设计尺寸和理论材料密度得到的零件重量
	关重件标识	Critical Part Marker	标识该零件是否为关键件或重要件
毛坯基本信息	材料名称	Material Name	毛坯的材料名称
	毛坯尺寸	Roughcast Size	毛坯的最大外廓尺寸
	牌号规格	Specification	材料的牌号及规格
	热处理方式	Heat Treatment	材料的热处理方式
	表面处理方式	Surface Treatment	材料的表面处理方式
技术要求		Technical Requirement	设计文件中提出的零件加工技术要求
依据文件		Obeying Documents	零件加工所依据的设计文件、标准、规范以及其他相关文件
版本		Issue	标识当前的文件版本

6.3.2　加工工序

加工工序是生产过程中由专职的加工人员完成的加工工作，加工工序的描述一般应包含以下几个方面：

a）加工工序名称；

b）加工工序编号；

c）加工工序内容；

d）关键工序标识；

e）加工设备；

f）工装；

g）工种；

h）工时消耗。

加工工序要素的描述如表 11 所示。

表 11　加工工序

中文名称	英文名称	数据说明
加工工序名称	Fabrication Operation Name	依据各单位统一要求对加工工序定义的名称
加工工序编号	Fabrication Operation Number	用于唯一标识加工工序的代号，一般由字母、数字和符号组成
加工工序内容	Fabrication Operation Content	本工序需完成的加工内容以及所对应的数控程序代号
关键工序标识	Critical Operation Marker	本工序是否为关键工序
加工设备	Fabrication Equipment	本加工工序所使用的加工设备编号或代号
工装	Tooling	本加工工序所使用的刀具、夹具、量具、工具等工艺装备
工种	Work Type	完成本工序所需的工人类型
工时消耗	Consuming Man-hour	完成本加工工序耗费的工时

6.3.3　检验工序

检验工序是生产过程中由专职的检验人员完成的检验工作，检验工序的描述一般应包含以下几个方面：

a）检验工序名称；

b）检验工序编号；

c）检验内容；

d）判定条件；

e）关键检验标识；

f）检验设备；

g）工装。

检验工序要素的描述如表 12 所示。

表 12　检验工序

中文名称	英文名称	数据说明
检验工序名称	Inspection Operation Name	依据各单位统一要求对检验工序定义的名称
检验工序编号	Inspection Operation Number	用于唯一标识检验工序的代号，一般由字母、数字和符号组成
检验内容	Inspection Operation Content	本工序需完成的任务概述
判定条件	Decision Condition	检验项目（尺寸类）合格的要求
关键检验标识	Critical Inspection Marker	本工序是否为关键检验
检验设备	Inspection Equipment	本检验工序所使用的检验设备编号或代号
工装	Tooling	本检验工序所使用的量具、工具等工艺装备

成果三

航空机加数字化车间　生产管理集成

引　　言

标准解决的问题：

本标准规定了航空机加数字化车间的生产管理集成一般要求、集成数据要求。

标准的适用对象：

本标准适用于航空机加数字化车间生产管理系统的建设。

专项承担研究单位：

中国航空综合技术研究所。

专项参研联合单位：

中国航空综合技术研究所、中国电子技术标准化研究院、昌河飞机工业（集团）有限责任公司、西安飞机工业（集团）有限责任公司。

专项参加起草单位：

昌河飞机工业（集团）有限责任公司、西安飞机工业（集团）有限责任公司。

专项参研人员：

王宁、涂建平、苗建军、张岩涛、蒋理科、陈建奎。

航空机加数字化车间　生产管理集成

1　范围

本标准规定了航空机加数字化车间的生产管理集成一般要求、集成数据要求。

本标准适用于航空机加数字化车间生产管理系统的建设。

2　规范性引用文件

下列文件对于本文件的应用是必不可少的。凡是注日期的引用文件，仅所注日期的版本适用于本文件。凡是不注日期的引用文件，其最新版本（包括所有的修改单）适用于本文件。

HB ××××× 航空机加数字化车间　参考架构

HB ××××× 航空机加数字化车间　装备智能化管理

3　术语和定义

HB ×××××《航空机加数字化车间　参考架构》界定的术语和定义适用于本标准。

4　一般要求

4.1　集成方式

集成方式主要包括：

a）中间接口式：建立在中间共享数据库或中间文件的基础上，根据需要提供共享一方的数据模型，并将它定义到接受共享一方的数据整体模型中，形成统一的共享数据结构。

b）封装组件式：建立在两个或多个应用系统（或工具）的基础上，通过应用程序封装、工具集调用、组件调用等技术，使一方调用另一方应用系统的功能以实现数据文件共享。

c）一体平台式：一体平台式遵循不同的信息应用系统都是整个业务流程的一部分，只是处于不同的阶段的理念。两系统之间实施一体化紧密集成时，主要是把一个系统的所有业务流程在另外一个系统中实现，使得前者是后者功能的一部分。

4.2　集成内容

生产管理集成的内容主要包括：

a）制造运行管理层内部系统功能的集成，主要包括作业计划管理、生产过程管理、库存管理、配送管理、质量管理、设备管理、看板管理、车间绩效管理等内容的集成。

b）制造运行管理层与企业管理层的集成，包括与 ERP、PDM 的集成。

c）制造运行管理层与控制层/设备层的集成。

5　集成数据要求

5.1　数据流

生产管理集成数据流如图 1 所示，主要包括：

a）制造运行管理层内部各功能系统的数据流。

b）制造运行管理层与企业管理层的数据流。

c）制造运行管理层与控制层/设备层的数据流。

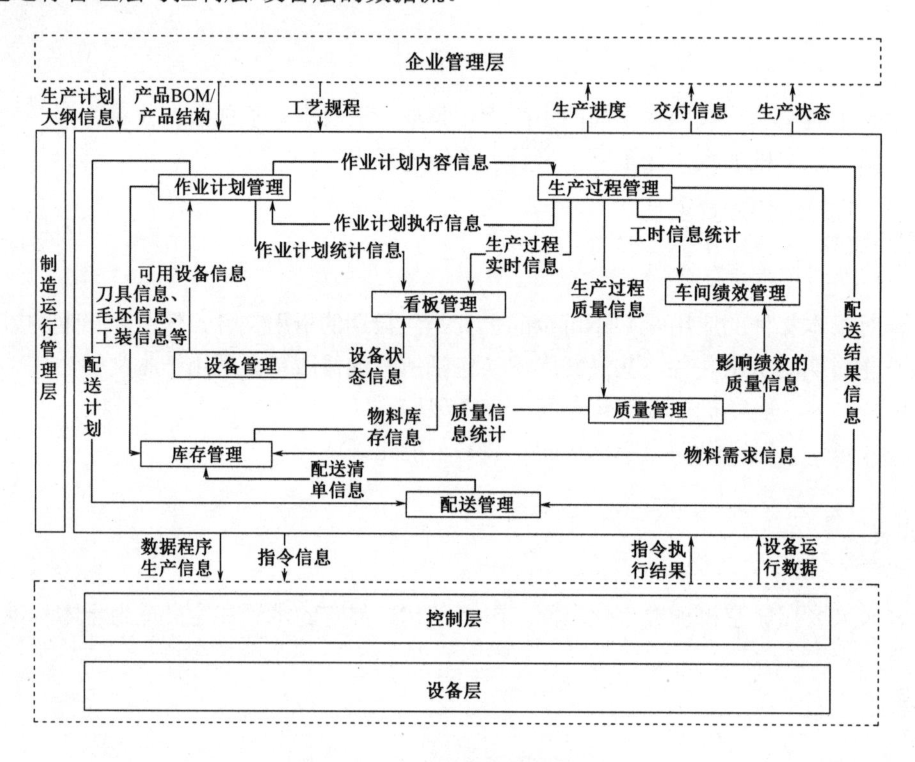

图 1　生产管理集成数据流

5.2　数据接口要求

5.2.1　制造运行管理层内部接口要求

5.2.1.1　作业计划管理接口要求

作业计划管理接口关系如图 2 所示。作业计划管理同库存管理、看板管理、生产过程管理、设备管理、配送管理等功能间的接口要求包括：

a）作业计划管理向库存管理输出毛坯、辅料、工装/工具、刀具等的数量、品种信息。

b）作业计划管理向看板管理传递计划统计信息。

c）作业计划管理向生产过程管理输出计划任务、计划要求等信息。

d）生产过程管理向作业计划管理输入计划执行情况信息。

e）设备管理向作业计划管理输入可用设备信息。

f）作业计划管理向配送管理传递配送计划信息。

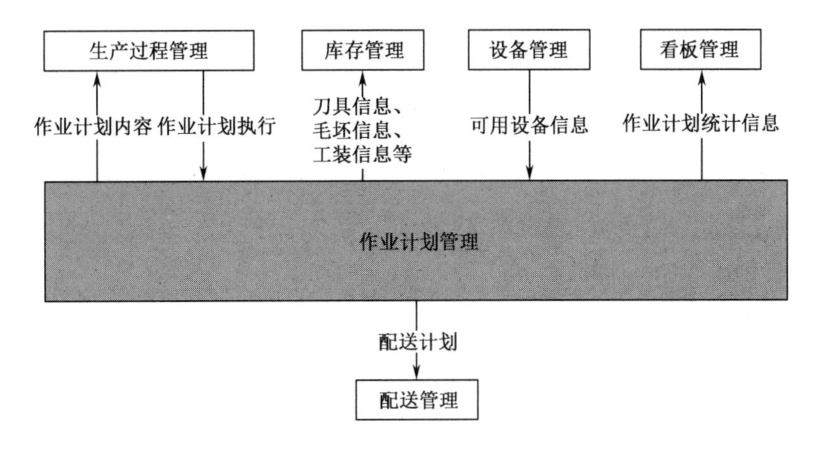

图 2　作业计划管理接口关系

5.2.1.2　生产过程管理接口要求

生产过程管理接口关系如图 3 所示。生产过程管理同作业计划管理、库存管理、车间绩效管理、看板管理、质量管理、配送管理等功能间的接口要求包括：

a）生产过程管理向作业计划管理输出计划执行信息。

b）生产过程管理向库存管理传递物料需求信息。

c）生产过程管理向看板管理输出生产过程动态信息。

d）生产过程管理向质量管理输出生产过程质量信息。

e）生产过程管理向车间绩效管理提供工时统计信息。

f）生产过程管理向配送管理传递配送结果信息。

g）作业计划管理向生产过程管理输入作业计划内容。

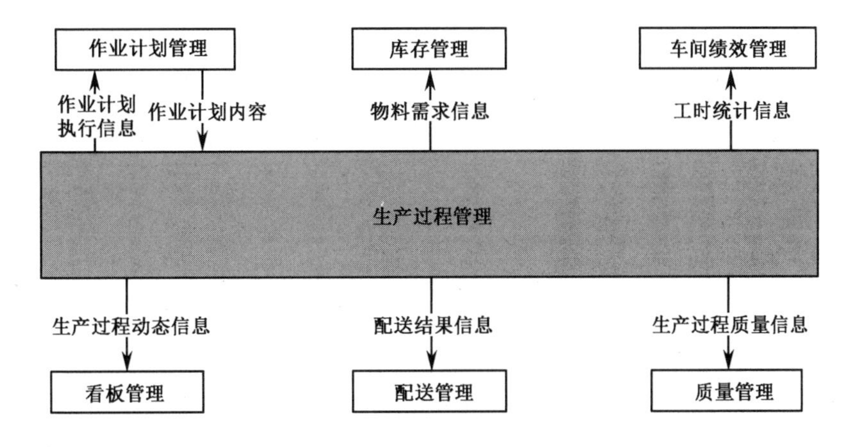

图 3　生产过程管理接口关系

5.2.1.3　库存管理接口要求

库存管理接口关系如图 4 所示。库存管理同看板管理、作业计划管理、生产过程管理、配送管理等功能间的接口要求包括：

a）库存管理向看板管理输出刀具、毛坯、工装等物料的库存信息。

b）作业计划管理向库存管理输入刀具、毛坯、工装等物料计划信息。

c）配送管理向库存管理传递配送清单信息。

d）生产过程管理向库存管理传递物料需求信息。

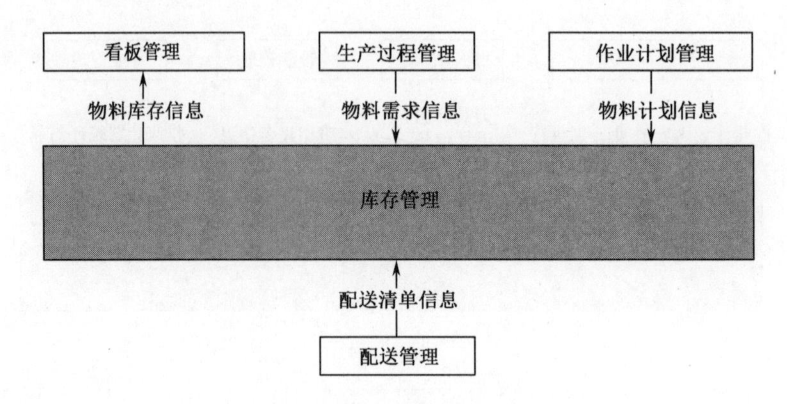

图 4　库存管理接口关系

5.2.1.4　设备管理接口要求

设备管理接口关系如图 5 所示。设备管理同作业计划管理、看板管理等功能间的接口要求如下：

a）设备管理向看板管理传递设备状态信息。

b）作业计划管理向设备管理输入设备信息。

图 5　设备管理接口关系

5.2.1.5　质量管理接口要求

质量管理接口关系如图 6 所示。质量管理同看板管理、车间绩效管理、生产过程管理等功能间的接口要求如下：

a）质量管理向看板管理传递质量统计信息。

b）质量管理向车间绩效管理传递影响绩效的质量信息。

c）生产过程管理向质量管理输入生产过程的质量信息。

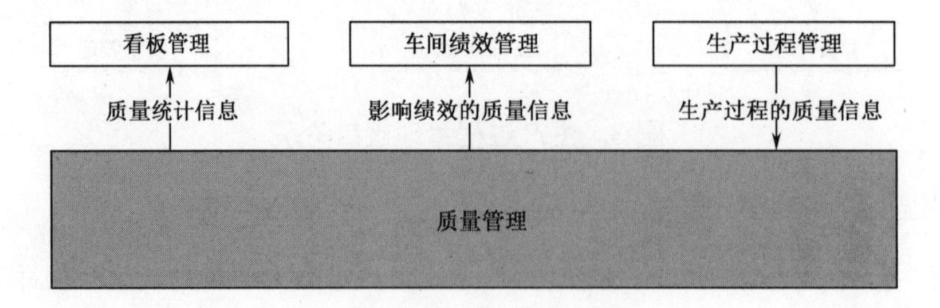

图 6　质量管理接口关系

5.2.1.6　看板管理接口要求

看板管理接口关系如图 7 所示。看板管理主要显示库存管理、作业计划管理、生产过程管理、设备管理、质量管理等相关数据信息。主要接口要求包括：

a）库存管理向看板管理输出刀具、毛坯、工装等物料的库存信息。

b）作业计划管理向看板管理传递计划统计信息。

c）生产过程管理向看板管理输出生产动态信息。

d）设备管理向看板管理传递设备状态信息。

e）质量管理向看板管理传递质量统计信息。

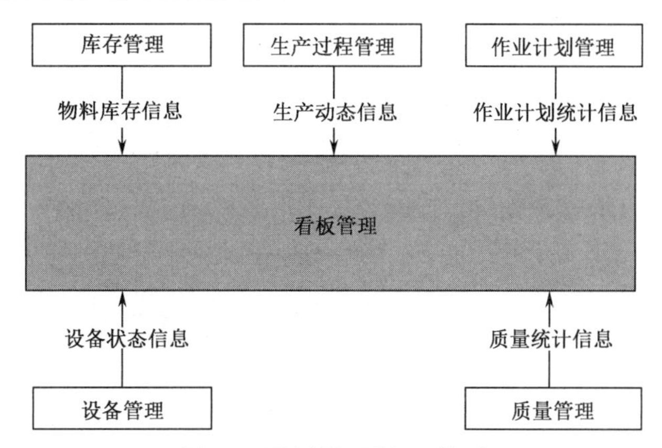

图 7　看板管理接口关系

5.2.1.7　配送管理接口要求

配送管理接口关系如图 8 所示。配送管理同作业计划管理、生产过程管理、库存管理等功能的接口要求包括：

a）配送管理向库存管理传递配送清单信息。

b）作业计划管理向配送管理传递配送计划信息。

c）生产过程管理向配送管理传递配送结果信息。

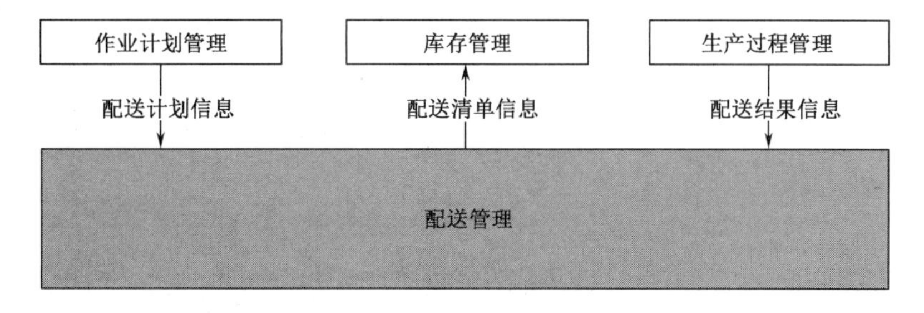

图 8　配送管理接口关系

5.2.1.8　车间绩效管理接口要求

车间绩效管理接口关系如图 9 所示。车间绩效管理同质量管理、生产过程管理等功能间的接口要求包括：

a）质量管理向车间绩效管理输入影响绩效的质量信息。

b）生产过程管理向车间绩效管理输入工时统计信息。

图 9　车间绩效管理接口关系

5.2.2 制造运行管理层与企业管理层接口要求

制造运行管理层与企业管理层的接口关系如图 10 所示，接口要求主要包括：

a）位于企业管理层的 ERP 向制造运行管理层传递生产计划大纲信息。

b）位于企业管理层的 PDM 向制造运行管理层传递产品 BOM/产品结构信息。

c）位于企业管理层的 PDM 向制造运行管理层传递工艺规程信息。

d）制造运行管理层向企业管理层传递生产进度、交付信息、生产状态等。

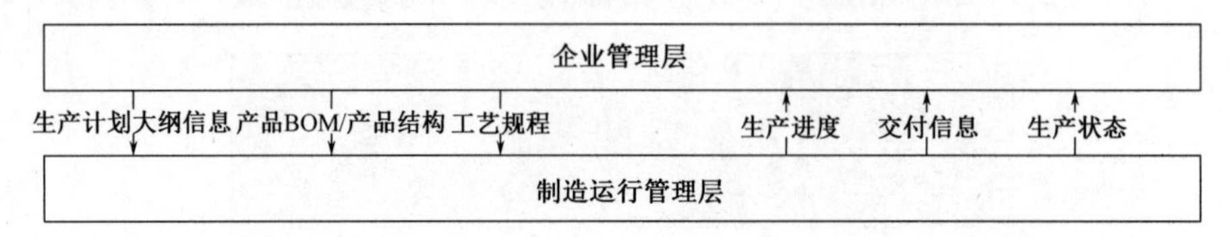

图 10 制造运行管理层与企业管理层的接口关系

5.2.3 制造运行管理层与控制层/设备层接口要求

制造运行管理层与控制层/设备层的接口关系如图 11 所示，接口要求主要包括：

a）制造运行管理层向控制层/设备层传递数控程序（NC 代码）信息、生产信息。

b）控制层/设备层将设备运行数据传递给制造运行管理层。

c）制造运行管理层向控制层/设备层发送指令信息，比如制造运行管理层向立体库发送启动命令。

d）控制层/设备层将指令执行结果反馈给制造运行管理层。

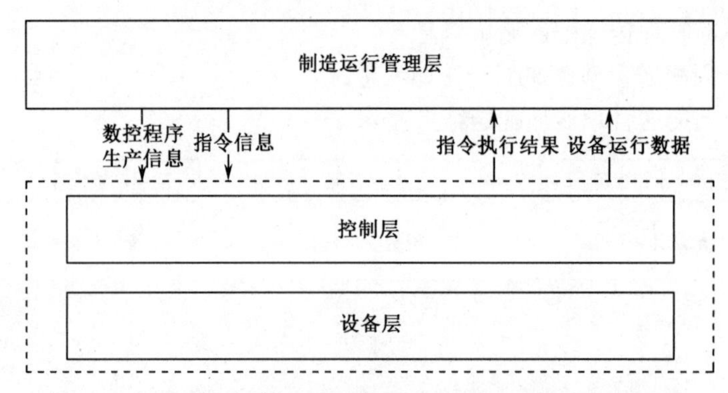

图 11 制造运行管理层与控制层/设备层的接口关系

5.3 数据要求

5.3.1 作业计划管理

作业计划管理系统主要承接上层计划，从 ERP 系统得到生产计划，进行能力平衡分析，进行智能排产，生成生产月作业计划、日作业计划，指导车间生产，主要数据定义如表 1～表 6 所示。

表 1 计划信息表

中文名称	英文名称	数据说明
计划编号	Plan Code	计划的编号，计划的唯一标识
计划名称	Plan Name	计划的名称
计划类型	Plan Type	计划的类型
任务内容	Task Content	对计划任务内容进行描述
计划编制人	Plan Edit Person	负责编制计划的人员信息
计划开始日期	Plan Start Date	生产计划开始的时间
计划结束日期	Plan End Date	生产计划结束的时间

表 2 计划排产信息表

中文名称	英文名称	数据说明
计划编号	Plan Code	生产计划编号
图号	Drawing Code	生产图号
工序号	Procedure Code	工序编号
工序名称	Procedure Name	工序的命名
设备 ID	Equipment ID	加工设备的编号
开始日期	Start Date	该工序开始的时间
结束日期	End Date	该工序结束的时间
加工责任者	Manufacturing Person	负责该工序加工的人员
排产计划员	Arrange Production Plan Person	负责编制排产计划的人员
操作时间	Execution Time	记录编制该排产计划的时间

表 3 排产替换设备更新辅助表

中文名称	英文名称	数据说明
设备 ID	Machine ID	设备编号
替换设备 ID	Replace Machine ID	可替换该设备的设备编号
优先级	Priority	优先级顺序
开始日期	Start Date	排产替换开始日期
结束日期	End Date	排产替换结束日期
当天剩余可用时长	Number	当天剩余可用时长，以小时计

表 4 生产线信息表

中文名称	英文名称	数据说明
生产线 ID	Production Line Number	生产线的编号
生产线名称	Production Line Name	生产线的名称

表 5 生产线图号关联信息表

中文名称	英文名称	数据说明
生产线 ID	Production Line Number	生产线的编号
图号	Drawing Code	与该生产线 ID 绑定的图号

表 6 工序信息表

中文名称	英文名称	数据说明
图号	Drawing Code	待加工零件的图号
工序号	Procedure Number	零件加工的工序编号
工序名称	Procedure Name	零件加工的工序名称
准备时间	Prepare Time	工序开始加工前的准备时间，单位为 min
加工时间	Machining Time	工序加工时间，单位为 min
加工设备 ID	Machining Equipment ID	加工设备的编号
编制者	Edit Person	工序的编制人员

5.3.2 生产过程管理

生产过程管理包括生产派工、生产过程跟踪、生产执行、生产完工统计、现场问题处理，主要数据定义如表 7～表 11 所示。

表7　工艺路线表

中文名称	英文名称	数据说明
工艺路线代码	Route Code	工艺路线的编号
工艺路线描述	Route Description	对该工艺路线进行说明
工序号	Procedure Code	工序编号
是否质检点	IsQualityPoint	0代表否，1代表是
工序名称	Procedure Name	工序的名称
工序描述	Procedure Description	对工序内容进行说明
下一道工序号	Next Procedure Code	下一道工序编号
准备时间	Prepare Time	工序开始加工前的准备时间，单位为min
加工时间	Machining Time	工序加工时间，单位为min

表8　生产派工信息表

中文名称	英文名称	数据说明
计划编号	Plan Code	计划的编号
零件编号	Part Code	零件的编号
零件名称	Part Name	零件的名称
工序号	Procedure Code	工序的编号
设备ID	Machine ID	加工设备的编号
计划完成时间	Plan Finish Date	计划完成的时间
加工批次	Batch	加工的批次号
派工日期	Assign Work Date	派工的时间
指派工人	Assigned Worker	加工该工序的负责人
计划数量	Plan Amount	计划加工的数量

表9　生产任务信息表

中文名称	英文名称	数据说明
计划编号	Plan Code	计划的编号
零件编号	Part Code	零件的编号
零件名称	Part Name	零件的名称
工序号	Procedure Code	工序的编号
工序内容	Procedure Content	工序加工的说明
架次	Sortie	该零件所属的架次
前序工序号	Previous Procedure Code	前一个工序编号
后序工序号	Next Procedure Code	后一个工序编号
设备ID	Machine ID	加工设备的编号
计划开始加工时间	Plan Start Manufacturing Time	计划开始加工的时间
计划结束加工时间	Plan End Manufacturing Time	计划结束加工的时间
计划加工工时	Plan Manufacturing Hour	计划加工的所有时间，单位为min
责任人	Responsibility Person	零件加工负责人

表10　生产现场问题反馈表

中文名称	英文名称	数据说明
发起人	Launch Person	生产工人
问题类型	Problem Type	对问题的分类描述

续表

中文名称	英文名称	数据说明
责任人	Responsible Person	处理该类问题的负责人
生产线名称	Product Line Name	所在生产线的名称
提出问题所在设备	Machine Which Launch Problem	出问题的设备
是否归零	IsZero	0 代表否，1 代表是
提出时间	Start Time	例如 2019 年 5 月 5 号 16 点
阅知时间	Read Time	例如 2019 年 5 月 5 号 17 点
归零时间	Deal Time	例如 2019 年 5 月 5 号 18 点
处理措施	Deal Method	处理该问题的方法

表 11 生产加工记录表

中文名称	英文名称	数据说明
零件编号	Part Code	零件的唯一编码标识
工序号	Procedure Code	工序编号
员工号	Worker Code	员工编号
设备 ID	Machine ID	加工设备的编号
开始加工时间	Start Machining Time	例如 2019 年 5 月 5 号 16 点
结束加工时间	End Machining Time	例如 2019 年 5 月 5 号 17 点
加工工时	Machining Hour	加工的时长
加工日期	Machining Date	例如 2019 年 5 月 5 号

5.3.3 库存管理

库存管理主要包括辅料管理、毛坯管理、刀具管理、工装管理等，主要数据定义如表 12～表 15 所示。

表 12 辅料信息表

中文名称	英文名称	数据说明
物料号	Material Code	物料的编号
物料类型	Material Type	物料的类型
物料名称	Material Name	物料的名称
规格	Specification	物料的规格
提前期	Schedule Period	物料准备提前期
安全库存	Safe Storage	物料安全库存量
库存下限	Storage Lower Limit	物料库存的最低值
损耗率	Waste Ratio	物料使用的损耗率
材料牌号	Material Mark	材料的牌号

表 13 毛坯信息表

中文名称	英文名称	数据说明
毛坯 ID	Rough ID	毛坯的编号标识
产品名称	Rough Name	与毛坯绑定的产品的名称
毛坯材料	Rough Material	毛坯的材料类型
规格尺寸	Specification	毛坯的规格尺寸
库存数量	Storage Number	毛坯的库存数量
安全库存数量	Safe Storage Number	毛坯的安全库存数量

续表

中文名称	英文名称	数据说明
产品图号	Product Drawing	与毛坯关联的产品，用于生产的图的编号
生产编号	Task Code	任务的编号
构型	Type	毛坯所属的产品型号
架次	Sortie	一种顺序编号
图号	Drawing Code	所属零件的图号
批次编号	Batch Code	毛坯的批次编号

表 14　刀具信息表

中文名称	英文名称	数据说明
刀具 ID	Cutter ID	刀具的编号
刀具名称	Cutter Name	刀具的名称
刀具材料	Cutter Material	刀具的材料构成
刀具规格	Cutter Specification	刀具的尺寸规格
库存数量	Storage Number	刀具的库存数量
安全库存数量	Safe Storage Number	刀具的安全库存数量
刀具使用寿命	Cutter Use Life	刀具的预计使用寿命
入库时间	In Storage Date	刀具的入库时间
出库时间	Out Storage Date	刀具的出库时间
批次编号	Batch	刀具的批次
刀具状态	State	刀具的状态

表 15　工装信息表

中文名称	英文名称	数据说明
工装号	Tool Code	工装的编号
工装名称	Tool Name	工装的名称
工装材料	Tool Material	工装的材料
工装库存数量	Tool Storage Number	工装的库存量
工装安全库存数量	Tool Safe Storage Number	工装的安全库存数量
入库时间	In Storage Date	工装的入库时间
出库时间	Out Storage Date	工装的出库时间

5.3.4　设备管理

设备管理主要包括设备档案管理、设备备件管理、设备运行管理、设备保养管理、设备维修管理、设备统计报表管理、设备统计分析，具体按 HB ×××××《航空机加数字化车间　装备智能化管理》要求执行，主要数据定义如表 16～表 19 所示。

表 16　设备台账表

中文名称	英文名称	数据说明
设备编号	Machine Code	设备的编号
设备名称	Machine Name	设备的名称
设备类型	Machine Type	设备的类型
分类编号	Type Code	设备类型的编号

续表

中文名称	英文名称	数据说明
设备状态	Machine State	设备的状态
设备价格	Machine Price	设备的采购价格，单位为万元
设备购买日期	Machine Buy Date	设备的购买日期

表 17 设备维护表

中文名称	英文名称	数据说明
设备编号	Machine Code	设备的编号
维护人员	Maintenance Person	设备维护人员姓名
维护日期	Maintenance Date	设备维护日期
维护费用	Maintenance Cost	设备的采购价格，单位为万元

表 18 设备备件表

中文名称	英文名称	数据说明
设备名称	Machine Name	设备的名称
备件名称	Spare Part Name	备件的名称
备件编号	Spare Part Code	备件的编号
生产厂家	Manufacturing Factory	备件生产厂家
备件数量	Spare Part Number	备件的数量
备件安全库存量	Spare Part Safe Storage Number	备件的安全库存数量

表 19 设备故障表

中文名称	英文名称	数据说明
故障记录编号	Failure Record Code	发生故障时记录故障的编号
故障编号	Failure Code	故障类型编号
故障类型	Failure Type	故障的类型
设备编号	Machine Code	设备的编号
故障部位	Machine Location	故障在设备上的位置
故障发生次数	Failure Happen Times	该位置故障发生次数
故障发生时间	Failure Happen Date	故障发生的时间
故障解决时间	Failure Solution Date	故障解决的时间
故障解决方案	Failure Solution Method	故障的解决方法

5.3.5 质量管理

质量管理主要包括质量过程管理、质量统计分析等内容，主要数据定义如表 20～表 24 所示。

表 20 过程质检记录表

中文名称	英文名称	数据说明
质检编号	Quality Inspection Code	质量检验的编号
零件编号	Part Code	零件的编号
工序号	Procedure Code	工序号
检验时间	Inspection Date	记录检验时间
检验员	Inspection Person	检验人员
检验器具编号	Inspection Tool Code	检验时所用器具的编号

表 21 工序检验数据表

中文名称	英文名称	数据说明
序号	Serial Number	记录检验的序号
工序号	Procedure Code	检验所在的工序号
工序特性	Procedure Feature	该道工序的特征
检查参数	Inspection Parameter	该道工序的检查参数
上偏差	Up Windage	检验结果的上偏差
下偏差	Down Windage	检验结果的下偏差
检验方法	Inspection Method	检验的方法
实测记录	Inspection Recording	检验数据的记录
是否合格	Is Qualified	0 代表不合格，1 代表合格
检验员	Inspection Person	检验人员
检验时间	Inspection Date	记录检验时间

表 22 质量指标计划信息表

中文名称	英文名称	数据说明
质检计划编号	Quality Inspection Plan Code	质检计划的编号
零件编号	Part Code	待检零件的编号
计划生产数量	Plan Produce Number	计划生产的数量，月周期统计
计划良品数量	Plan Qualified Number	计划合格品的数量，月周期统计
计划良品率	Plan Qualified Ratio	计划合格品率，月周期统计
计划废品数量	Plan Unqualified Number	计划废品数量，月周期统计

表 23 不合格品信息表

中文名称	英文名称	数据说明
零件编号	Part Code	零件的编号
不合格品内容	Unqualified Content	不合格品的问题描述
不合格品数量	Unqualified Part Number	不合格品的数量
责任人	Responsible Person	负责人
返修数量	Return Repair Number	返修的不合格品数量
返修验收合格数	Qualified Number After Return Repair	返修后再进行检验时合格的数量

表 24 零件质量指标完成信息表

中文名称	英文名称	数据说明
零件编号	Part Code	零件的编号
生产数量	Part Manufacture Number	该零件生产的数量，月周期统计
良品数量	Qualified Number	该零件合格品的数量，月周期统计
实际良品率	Real Qualified Ratio	该零件的良品率，月周期统计
废品数量	Unqualified Number	该零件的废品数量，月周期统计

5.3.6 看板管理

看板管理主要对车间设备信息、计划信息、质量信息等进行呈现，主要数据定义如表 25～表 30 所示。

表 25　设备运行信息表

中文名称	英文名称	数据说明
设备编号	Machine Code	设备的编号
设备起停时间	Machine Start/Stop Date	设备开机/停机时间
设备运行时间	Machine Run Hour	设备有效加工的时长
设备闲置时间	Machine Empty Hour	设备闲置的时长
设备主轴转速	Machine Principle Axis Speed	设备主轴的转速
设备关键部位温度	Machine Key Location Temperature	设备关键部位的温度
设备当前状态	Current Machine State	设备状态包括空闲、故障、加工，三选一

表 26　设备统计信息

中文名称	英文名称	数据说明
设备编号	Machine Code	设备的编号
设备开机率	Machine Start Ratio	设备开机数量与设备总数量的比值
设备利用率	Machine Use Ratio	设备每天加工时长/24

表 27　设备监控信息

中文名称	英文名称	数据说明
设备编号	Machine Code	设备的编号
设备状态	Machine State	设备状态包括空闲、故障、加工，三选一
设备实时参数信息	Machine Dynamic Parameter Info	设备的主要运行数据信息显示

表 28　计划统计信息表

中文名称	英文名称	数据说明
计划总数量	Plan Total Number	计划总数，月周期统计
计划完成数量	Plan Finish Number	计划完成数，月周期统计
计划变更数量	Plan Adjust Number	计划变更数，月周期统计
计划延期数量	Plan Postpone Number	计划延期数，月周期统计
计划执行率	Plan Execute Ratio	计划正常执行数量/计划总数
计划超期率	Plan Postpone Ratio	计划超期数量/计划总数

表 29　零件统计信息表

中文名称	英文名称	数据说明
零件编号	Part Code	零件的编号
零件实际完成数量	Real Part Finish Number	零件实际完成的数量
零件计划数量	Part Plan Number	零件计划完成的数量

表 30　质量统计信息表

中文名称	英文名称	数据说明
零件总数	Part Total Number	零件总数，月周期统计
合格品数量	Qualified Part Number	合格品数量，月周期统计
不合格品数量	Unqualified Part Number	不合格品数量，月周期统计
发生零件质量问题的次数	Part Quality Problem Number	零件出现质量问题的次数，月周期统计

5.3.7 配送管理

配送管理主要实现毛坯配送、刀具配送、工装配送，主要数据定义如表 31～表 33 所示。

表 31 毛坯配送信息表

中文名称	英文名称	数据说明
计划编号	Plan Code	计划的编号
毛坯名称	Rough Name	毛坯的名称标识
图号	Drawing Code	加工图的编号
条码号	Code	绑定的二维码
生产线	Production Line	生产线名称
需求节点	Need Time	例如 2019 年 5 月 5 号 16 点
是否有库存	IsStorage	0 代表否，1 代表是
是否已配送	IsDelivery	0 代表否，1 代表是

表 32 刀具配送信息表

中文名称	英文名称	数据说明
计划编号	Plan Code	计划的编号
刀具名称	Cutter Name	刀具的名称标识
图号	Drawing Code	加工图的编号
条码号	Code	绑定的二维码
生产线	Production Line	生产线名称
需求节点	Need Time	例如 2019 年 5 月 5 号 16 点
是否有库存	IsStorage	0 代表否，1 代表是
是否已配送	IsDelivery	0 代表否，1 代表是

表 33 工装配送信息表

中文名称	英文名称	数据说明
计划编号	Plan Code	计划的编号
工装名称	Tooling Name	工装的名称标识
图号	Drawing Code	加工图的编号
条码号	Code	绑定的二维码
生产线	Production Line	生产线名称
需求节点	Need Time	例如 2019 年 5 月 5 号 16 点
是否有库存	IsStorage	0 代表否，1 代表是
是否已配送	IsDelivery	0 代表否，1 代表是

5.3.8 车间绩效管理

对作业人员工作时间、加工零件质量等进行统计核算，为工资和奖惩的制定提供绩效考核数据，主要数据定义如表 34 所示。

表 34 人员绩效表

中文名称	英文名称	数据说明
人员编号	Worker Code	工人的编号
姓名	Name	工人的姓名
可操纵设备	Enable Manipulate Machine	该工人可以操纵的设备列表
工时	Worker Man-hour	人员日工作时间统计，单位为小时，最后按月进行汇总
加工质量问题	Worker Quality Problem	因工人操作不当带来的质量问题，按月周期统计

成果四

航空机加数字化车间　装备智能化管理

引　言

标准解决的问题：

本标准规定了航空机加数字化车间装备智能化管理架构和要求，以及装备智能化管理的数据采集要求和数据应用要求。

标准的适用对象：

本标准适用于航空机加数字化车间在建设、改造和使用过程中对装备的智能化管理。

专项承担研究单位：

中国航空综合技术研究所。

专项参研联合单位：

中国航空综合技术研究所、中国电子技术标准化研究院、昌河飞机工业（集团）有限责任公司、西安飞机工业（集团）有限责任公司。

专项参加起草单位：

昌河飞机工业（集团）有限责任公司、西安飞机工业（集团）有限责任公司。

专项参研人员：

徐云天、陈刚、张岩涛、夏晓理、王锟、李辉。

航空机加数字化车间　装备智能化管理

1　范围

本标准规定了航空机加数字化车间装备智能化管理架构和要求，以及装备智能化管理的数据采集要求和数据应用要求。

本标准适用于航空机加数字化车间在建设、改造和使用过程中对装备的智能化管理。

2　规范性引用文件

下列文件对于本文件的应用是必不可少的。凡是注日期的引用文件，仅所注日期的版本适用于本文件。凡是不注日期的引用文件，其最新版本（包括所有的修改单）适用于本文件。

GB 3100　国际单位制及其应用

GB/T 4863　机械制造工艺基本术语

GB/T 32335　机械振动与冲击　振动数据采集的参数规定

GB/T ×××××　数字化车间　通用技术条件

HB 7804　数控设备综合应用效率与测评

HB ×××××　航空机加数字化车间　参考架构

3　术语和定义

GB/T 4863、GB/T 《数字化车间　通过技术条件》中界定的术语和定义适用于本标准。

4　装备分类

依据装备在航空机加数字化车间制造过程中的功能要求，航空机加数字化车间的装备应包括以下几类装备。

a）数控加工装备

数控加工装备指对产品实施定位、固定的设备，以及改变产品形状的设备和生产线。航空机加数字化车间的常用数控加工装备包括数控车床、数控铣床、数控磨床、数控冲床、柔性加工线、加工中心、加工机器人、激光机、工控机、对刀仪、切割机和工装工具等。

b）物流装备

物流装备指对机加产品（包括原材料、半成品和成品等）和机加工具（包括量具、刀具等）在机加装备间或机加装备与仓储装备间运输的设备，物流装备仅改变产品在数字化机加车间中的位置，不改变产品的形状或形态。航空机加数字化车间的常用物流装备包括机械手、AGV 小车、轨道、传送带、提升机和搬运机器人等。

c）仓储装备

仓储装备指对机加产品（包括原材料、半成品和成品等）和机加工具（包括量具、刀具等）短期或长期存储的设备。航空机加数字化车间的常用仓储装备为自动化立体仓库和货架。

d）检测装备

检测装备指对机加产品的形状或功能的技术指标实施测量的设备。航空机加数字化车间的常用检测装备包括三坐标测量机、毛坯数据测量机、雷尼绍测量头、数字化量规和数字化量仪等。

e）辅助装备

航空机加数字化车间中辅助实现装备数据采集的设备，包括收集动力信息装备、收集人员信息装备、收集环境信息装备、查询或下载作业指导书装备、生产数据手动录入装备等移动终端和工作站。

5 功能架构及特征

5.1 功能架构

航空机加数字化车间的装备智能化管理功能架构如图 1 所示。

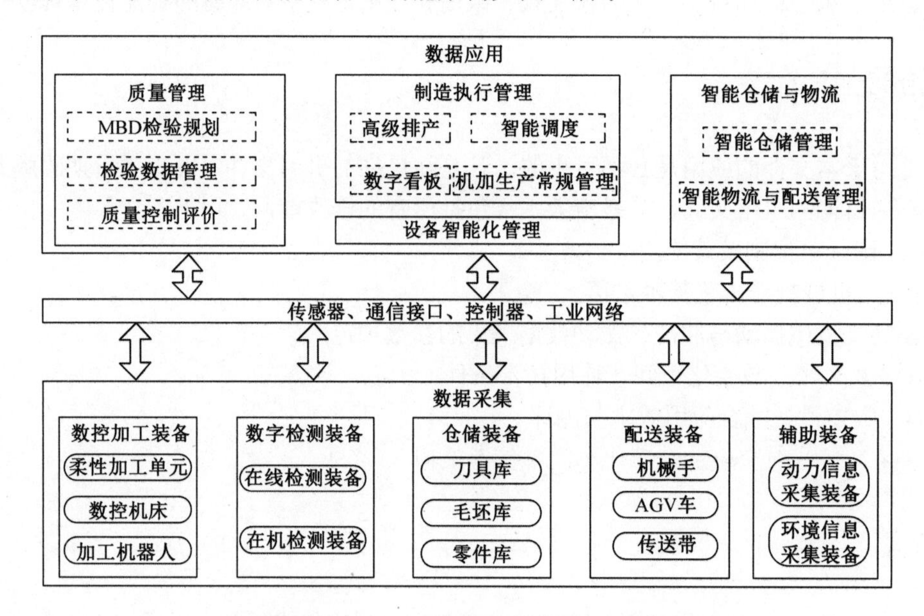

图 1 航空机加数字化车间的装备智能化管理功能架构

5.2 功能特征

航空机加数字化车间装备智能化管理的功能特征包括：

a）应通过实时数据与数控程序、制造指令、标准作业指导书、图样、工艺标准等工艺文件的比较，识别航空机加产品制造过程中的设备故障、刀具状态和产品质量等方面的问题，实时改变装备的运行参数。

b）应基于统计理论建立航空机加数字化车间统计分析模型，通过定期实施历史数据和实时数据统计分析，识别航空机加数字化车间运行过程中设备管理、生产管理、质量管理等方面存在的问题，为装备运行、维护、维修等策略的制订和调整提供输入。

c）应以装备智能化管理需求为导向，利用数据挖掘技术分析装备大数据，建立机加数字化装备的预测分析模型，对装备、工装、工具的状态和使用寿命等方面提供预测。

6 数据采集

6.1 一般要求

航空机加数字化车间采集的数据应满足以下要求：

a）应实现数据的自动采集，手动数据采集可辅助实施。

b）应易于识别、读取和可视化。

c）数据的量和单位应满足 GB 3100 的要求。

d）数据采集方式应实现设备接口数据采集和传感器数据采集。

e）应完整描述对象，数据信息不应缺失。

f）应遵循统一的数据格式规范。

g）应准确记录信息，不应存在异常或错误。

h）应实时记录数据信息。

i）数据采集的模型和参数满足 GB/T 32335 的规定。

6.2　数据采集内容

6.2.1　基本信息

基本信息数据内容如表 1 所示。

表 1　基本信息数据内容

中文名称		英文名称	数据说明
装备代码		Equipment Code	依据设备编码规则制定的装备唯一标识，由字母、符号和数字组成
装备状态		Equipment Status	设备当前时刻可用状态的描述，一般包括空闲、等待、运行和故障
故障预警	预警信号	Warning Signal	设备故障时触发的声音、文本、图片等形式的信息
	故障类型	Fault Type	专家诊断系统中定义的设备故障所属类别
	故障参数	Fault Parameters	专家诊断系统中定义的描述设备故障的机器参数
	故障原因	Fault Cause	专家诊断系统中定义的导致设备故障的因素描述
	维修措施	Maintenance	针对某类故障类型，专家诊断系统中规定的设备故障维修应实施的维修活动的描述
	维修时间	Maintenance Time	设备故障停机与设备恢复正常运行的时间间隔
产品订单信息	订单编号	Order Number	依据生产计划给予订单的唯一标识，由字母、符号和数字组成
	订单到达时间	Order Arrival Time	订单到达生产设备限定区域的时间值
	订单计划开始时间	Order Planned Start Time	生产计划确定的订单开始加工的时刻
	订单实际开始时间	Order Actual Start Time	订单实际开始在设备加工的时刻
	订单预计完成时间	Order Estimated Finished Time	生产设备上加工订单的计划完工时间，与订单实际开始加工时间、产品加工周期、产品数量和生产设备状态有关
	订单实际完成时间	Order Actual Finished Time	生产设备上加工订单的实际完工时间
	已完成产品数量	Finished Products Quantity	订单中已通过生产设备加工并离开生产设备的产品数量
	工序完成时间	Finished Process Time	单工序开始加工至加工结束的时间值

6.2.2　机加装备信息

机加装备应采集的数据内容如表 2 所示。

表 2　机加装备应采集的数据内容

中文名称		英文名称	数据说明
工位代码		Location Code	工位在数字化车间的唯一标识，由字母、符号和数字组成
呼叫		Call	设备异常时触发的声音、文本、图片等形式的信息，包括设备故障呼叫、缺料呼叫和质量问题呼叫
生产过程信息	产品坐标	Product Coordinates	产品在机加装备上的六自由度实时坐标，一般表示为（$X,Y,Z,\alpha,\beta,\gamma$）
	主轴转速	Spindle Speed	单位时间内设备主轴的转数
	主轴倍率	Spindle Override	单位时间内主轴转速增加或减少的百分比
	主轴功率	Spindle Power	主轴在单位时间内所做的功
	进给速度	Feed Rate	刀具上的基准点沿着刀具轨迹相对于工件移动时的速度
	进给倍率	Feed Override	单位时间内进给速度增加或减少的百分比
	刀具轨迹	Cutter Track	刀具实时位置的坐标
程序信息	程序代码	Program Code	当前程序调用的程序编码的唯一标识，由字母、符号和数字组成
	程序启动时间	Program Start Time	当前程序开始加工的时间
	程序停止时间	Program End Time	当前程序完成加工的时间
工装信息	工装名称	Tooling Name	当前使用的工装中文或英文名称
	工装规格	Tooling Specification	当前使用的工装的尺寸、外形和粗糙度等指标的实测值
	工装代码	Tooling Code	当前使用的工装的唯一标识，由字母、符号和数字组成
刀具信息	刀库代码	Cutter Library Code	刀具所在刀库的唯一标识，由字母、符号和数字组成
	刀具代码	Cutter Code	刀具的唯一标识，由字母、符号和数字组成
	换刀提醒	Cutter Warn	设备运行时刀具切换的提示信息，包括声音、文本、图片等形式的信息
	换刀开始时间	Cutter Change Start Time	换刀导致的设备停机的时间
	换刀结束时间	Cutter Change Finished Time	换刀导致停机后，设备恢复正常运行的时间
	换刀故障	Cutter Change Fault	换刀过程中出现的故障描述
	刀具使用次数	Cutter Usage Frequency	刀具已使用的次数
	刀具规格	Cutter Specification	当前使用的工装的尺寸、外形和粗糙度等指标的实测值

6.2.3　物流装备信息

物流装备应采集的数据内容如表 3 所示。

表 3　物流装备应采集的数据内容

中文名称	英文名称	数据说明
配送对象代码	Delivery Object Code	配送的物料、刀具、量具的唯一标识，由字母、符号和数字组成
起始位置	Initial Position	配送对象初始位置信息，一般为仓库和其他加工装备工位位置
当前位置	Current Position	配送对象当前的位置信息，一般为仓库、工位位置或在途的位置坐标
配送位置	Delivery Position	在途配送对象的目标位置信息
计划配送时间	Planned Delivery Start Time	配送对象计划开始从仓库或工位位置配送的时间
计划到达时间	Planned Delivery Arrive Time	配送对象计划到达配送位置的时间

续表

中文名称	英文名称	数据说明
计划配送用时	Planned Delivery Time	配送对象在途运输的预估时长
实际配送时间	Actual Delivery Time	配送对象在途运输的实际使用时长
实际到达时间	Actual Delivery Arrive Time	配送对象到达配送位置的时间
运输速度	Delivery Speed	配送装备单位时间内通过的距离

6.2.4 仓储装备信息

仓储装备应采集的数据内容如表 4 所示。

表 4 仓储装备应采集的数据内容

中文名称		英文名称	数据说明
仓储装备信息	仓储装备位置	Warehouse Location	仓储装备在车间的位置坐标
	库位总数量	Total Quantity of Libraries	以库位为单位，货物存放位置的数量
	库位已使用数量	Total Quantity of Used Libraries	仓储装备中已被存储对象占用的库位数量
	库位可用数量	Total Quantity of Usable Libraries	仓储装备中未被存储对象占用的可用库位数量
	故障库位数量	Total Quantity of Fault Libraries	仓储装备中由于设备故障导致的库位不可用数量
库位信息	库位代码	Library Code	库位的唯一标识，依据库位在仓储装备中的位置确定
	存储对象代码	Stored Object Code	存储的物料、刀具、量具的唯一标识，由字母、符号和数字组成
	库位位置	Library Position	库位在仓储装备中的位置坐标
	存储对象数量	Stored Object Quantity	仓储中单一存储对象的数量
	库位状态	Library Status	库位可用状态的描述，分为可用、故障和占用
	库位可用空间	Library Available Space	存储同一类物料的剩余可用数量

6.2.5 检测装备信息

检测装备应采集的数据内容如表 5 所示。

表 5 检测装备应采集的数据内容

中文名称		英文名称	数据说明
计数类信息	合格品数量	Quantity of Qualified Product	检测满足标准要求的产品数量
	不合格品数量	Quantity of Nonconforming Product	检测不满足标准要求的产品数量，包括返修产品和报废产品的数量
	报废品数量	Quantity of Scrap Product	不合格品中返工处理后不能使用的产品数量
质量类信息	质量标准	Quality Standard	检测产品的依据，包括图样、工艺标准和相关法规等
	在线检测数据	On Line Inspection Data	通过直接安装在生产线上的设备，利用软测量技术实时检测的产品质量数据，包括尺寸、形状、表面粗糙度等
	在机检测数据	On Machine Inspection Data	以机床硬件为载体，配合相应的测量工具，包括机床测头、机床对刀仪、专用测量软件等，在工件加工过程中，实时在机床上进行几何特征的测量数据，包括尺寸、形状、表面粗糙度等

6.2.6 辅助装备信息

辅助装备应采集的数据内容如表 6 所示。

表 6 辅助装备应采集的数据内容

中文名称		英文名称	数据说明
人员类信息	人员代码	Personnel Code	人员的唯一标识，由字母、字符和数字组成
	人员技能	Personnel Skills	人员掌握并能运用专门技术的能力，同一人员可以具备一种或多种技能
	人员状态	Personnel Status	人员当前所处的状态，包括工作、空闲和离岗
环境类信息	温度	Temperature	物体冷热的程度，包括设备温度和环境温度
	湿度	Humidity	大气干燥程度
	亮度	Brightness	发光体表面发光强弱程度

7 数据应用

7.1 设备管理

设备管理包括设备状态监测、设备管控和设备状态预测。设备管理数据应用内容如表 7 所示。

表 7 设备管理数据应用内容

应用领域	中文名称	英文名称	数据说明
设备状态监测	产品坐标	Product Coordinate	产品在机加装备上的六自由度实时坐标，一般表示为（$X,Y,Z,\alpha,\beta,\gamma$）
	进给速度	Feed Rate	刀具上的基准点沿着刀具轨迹相对于工件移动时的速度
	退刀速度	Withdrawal Speed	离开切削区返回原点的速度
	主轴转速	Spindle Speed	单位时间内设备主轴的转数
	接触面温度	Contact Temperature	加工设备与产品接触面的实时温度，包括切削温度等
	工艺装备磨损数据	Equipment Wear Data	刀具、量具在尺寸、外形、粗糙度等方面的磨损参数值
	在线检测数据	On Line Inspection Data	通过直接安装在生产线上的设备，利用软测量技术实时检测的产品质量数据
	在机检测数据	On Machine Inspection Data	以机床硬件为载体，配合相应的测量工具，包括机床测头、机床对刀仪、专用测量软件等，在工件加工过程中，实时在机床上进行几何特征的测量数据
设备管控	设备开机率	Up Time Rate of Equipment	设备的运行时间和工作时间的比值
	设备使用有效度	Usage Availability of Equipment	设备能正常工作或在发生故障后在规定时间里能修复，而不影响正常生产的概率大小
	设备使用率	Utilization of Equipment	每年度设备实际使用时间占计划用时的百分比
	设备综合效率[①]	Overall Application Efficiency of Equipment	设备实际的生产能力相对于理论产能的比值
	设备负荷率	Load Rate of Equipment	设备在规定生产条件下和一定时间内可能生产某种产品的最大能力
	故障类型统计	Fault Type Statistics	设备故障种类和每种设备故障出现次数的累加值
	故障原因统计	Fault Cause Statistics	导致设备故障的因素种类和每种因素出现次数的累加值

续表

应用领域	中文名称	英文名称	数据说明
设备管控	平均故障修复时间	Mean Time to Failure	在一定周期内，设备故障修复用时的平均值
	平均故障间隔时间	Mean Time Between Failures	在一定周期内，设备两次故障间正常运行时间的平均值
	故障排除及时率	Timely Rate of Failures Shooting	设备在出现故障到处理完成所耗费的时间，占整个事先指定的维修时间的比值
设备状态预测	设备故障预测	Equipment Failure Prediction	设备失效时间、故障类型等内容预测
	寿命预测	Life Prediction	设备保持正常功能剩余时间的预测，包括刀具寿命预测、工装寿命预测、设备零部件寿命预测等

注①：计算过程可参考 HB 7804。

7.2 生产过程管理

生产过程管理包括质量管控和生产执行管控。生产过程管理数据应用内容如表 8 所示。

表 8 生产过程管理数据应用内容

应用领域	中文名称	英文名称	数据说明
质量管控	一次合格率	First Pass Rate	第一次检查即合格总数占检查总数的比值
	废品率	Reject Rate	废品数量在合格品、次品和废品三者总数量中所占的百分数
	返修率	Repair Rate	零件加工完成使用后，在规定时间内需要维修的产品占所有同类同批加工零件的比例
生产执行管控	订单准时交付率	On Time Delivery Rate	在一定时间内订单准时交货的次数占订单总交货次数的百分比
	机加工序准时完成率	On Time Completion Rate of Equipment	在一定时间内机加工序准时交货的次数占机加工序总交货次数的百分比

7.3 配送管理

配送管理包括配送状态监测和配送管控。配送管理数据应用内容如表 9 所示。

表 9 配送管理数据应用内容

应用领域	中文名称	英文名称	数据说明
配送状态监测	起始位置	Initial Location	配送对象初始位置坐标，一般为仓库或其他设备的位置坐标
	当前位置	Current Location	配送对象当前的位置信息，一般为仓库、设备位置或在途的位置坐标
	配送位置	Delivery Location	在途配送对象的目标位置信息
	计划配送时间	Planned Delivery Start Time	生产计划确定的配送对象从仓库或站位开始配送的时间
	计划到达时间	Planned Delivery Arrive Time	配送对象计划到达配送位置的时间
	实际配送时间	Actual Delivery Time	配送对象在途运输的实际使用时长
	实际到达时间	Actual Delivery Arrive Time	配送对象实际到达配送位置的时间
	运输速度	Delivery Speed	配送装备单位时间内通过的距离
	能源余量	Available Energy	设备移动和运行使用后剩余的电力能源数量

续表

应用领域	中文名称	英文名称	数据说明
配送管控	配送及时率	Timely Rate of Delivery	在一定时间内准时配送的次数占配送总次数的百分比
	配送准确率	Accuracy Rate of Delivery	在一定时间内准确配送的次数占配送总次数的百分比

7.4 仓储管理

仓储管理包括仓储状态监测和仓储管控。仓储管理数据应用内容如表 10 所示。

表 10 仓储管理数据应用内容

应用领域	中文名称	英文名称	数据说明
仓储状态监测	库位可用数量	Total Quantity of Usable Libraries	仓储装备中未被存储对象占用的可用库位数量
	故障库位数量	Total Quantity of Fault Libraries	仓储装备中由于设备故障导致的库位不可用数量
	库位可用空间	Library Available Space	存储同一类物料的剩余可用空间
	物料基础数据	Materiel Basic Data	物料入库后仓库管理系统记录的物料代码、物料状态、物料数量等信息
仓储管控	入库出错率	Error Rate of Warehousing	物资入库差错次数与入库总次数的百分比
	领用出错率	Error Rate of Requisition	物资领用差错次数与物资领用总次数的百分比

7.5 人员管理

人员管理数据应用内容如表 11 所示。

表 11 人员管理数据应用内容

数据名称	英文名称	数据说明
出勤率	Attendance Rate	人员工作时间与工厂计划工作时间的比值
技能等级	Skill Proficiency	人员技能熟练水平的描述，一般包括技能质量和技能效率

成果五

航空装配数字化车间　参考架构

引　言

标准解决的问题：

本标准规定了航空装配数字化车间参考架构及系统层级描述。

标准的适用对象：

本标准适用于航空装配数字化车间的技术改造。

专项承担研究单位：

中国航空综合技术研究所。

专项参研联合单位：

中国航空综合技术研究所、中国电子技术标准化研究院、昌河飞机工业（集团）有限责任公司、西安飞机工业（集团）有限责任公司。

专项参加起草单位：

西安飞机工业（集团）有限责任公司、昌河飞机工业（集团）有限责任公司。

专项参研人员：

吴灿辉、杨国荣、张岩涛、郑朔昉、赵安安、苗建军、解安生、邵华、彭有云。

航空装配数字化车间　参考架构

1　范围

本标准规定了航空装配数字化车间参考架构及系统层级描述。

本标准适用于航空装配数字化车间的技术改造。

2　规范性引用文件

下列文件对于本文件的应用是必不可少的。凡是注日期的引用文件，仅所注日期的版本适用于本文件。凡是不注日期的引用文件，其最新版本（包括所有的修改单）适用于本文件。

GB/T 25109.1　企业资源计划　第 1 部分：erp 术语

GB ×××××　数字化车间　通用技术要求

HB ×××××　航空装配数字化车间　装备智能化管理

HB ×××××　航空装配数字化车间　生产管理集成

3　术语和定义

GB/T 25109.1 及 GB ×××××《数字化车间　通用技术要求》中界定的以及下列术语和定义适用于本标准。

3.1

参考架构　reference architecture

对在某个应用领域的系统中起重要作用的某一方面进行清晰描述的架构，是从某个特定角度观察待建模的系统。

4　参考架构

航空装配数字化车间参考架构如图 1 所示，具体要求应包括：

a）制造运行管理层：主要完成装配执行管理、质量管理、仓储与物流管理等工作，实现与企业管理层的数据实时传递与反馈。要实现以下目标：

1）实现飞机部件生产状态信息的实时获取、物流与装配进度的准确协调，实现生产现场产品、人、资源的状态感知、分析、决策、精准执行，具体如表 1 所示。

表 1　装配车间管控数字化特征

特征	表现形式	体现内容
管控数字化	生产线状态实时检控	监控各站位 AO 级作业计划进程、运行状态，协助后台进行生产管理
	人力资源智能管理	监控人员信息以及与生产计划进程关联信息，辅助分析优化人力资源；实现人员绩效薪酬和工作量（AO）的关联
	生产计划智能管理	根据公司计划和资源信息，自动生成 AO 级三级作业计划，并据此调度生产
	生产线能力平衡	根据二次能力平衡模型，实现生产线能力平衡
	生产线绩效管理	实现人员绩效与生产线绩效的智能化管理
	工装工具数字化管理	监控工装工具状态信息以及与生产计划进程的关联信息，协助后台管理，实现生产线工装和工具的数字化管理
	物料信息智能化管理	根据入库和出库信息，能够自动生成物料和缺件信息以及对生产进度的影响，监控物料状态信息以及与生产计划进程的关联信息，协助后台管理
	生产线物流数字化管理	实现入库、出库、配送、使用情况管控

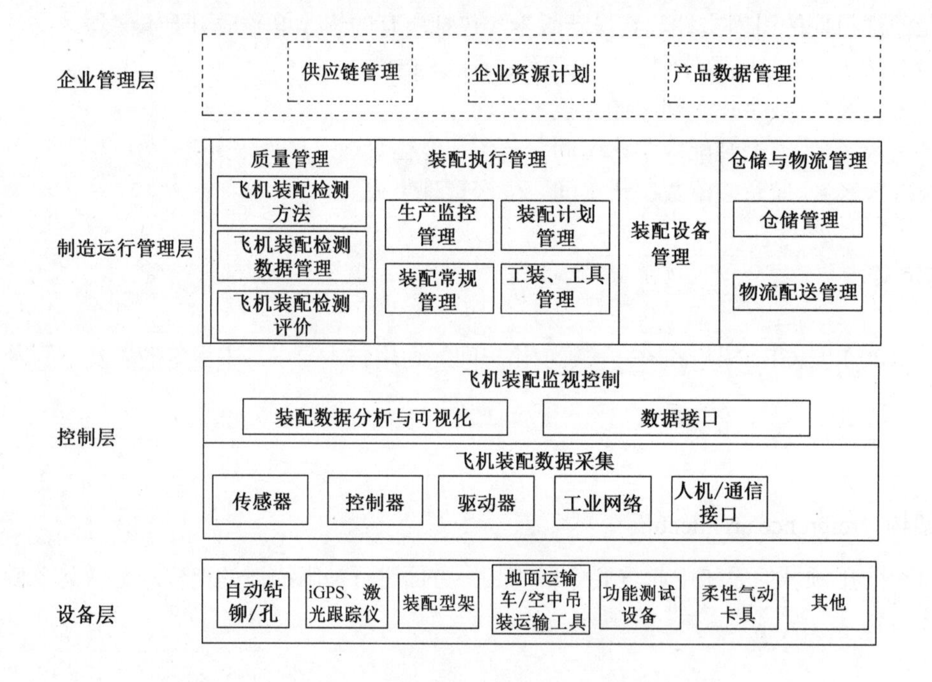

注：企业管理层为制造运行管理层提供信息输入。

图 1　装配车间参考架构

2）围绕装配主价值链，通过拉动式准时化生产、物流的精确配送，消除浪费和无效劳动，实现装配精益化，具体如表 2 所示。

表 2　装配车间精益化特征

特征	表现形式	体现内容
精益化	人力资源精益化	按照各站位产能容量进行人力资源岗位和数量的配置
	工装工具精益化	工装工具安装站位按照站位产能容量进行最小化配置
	物料精益化配送	物料按站位需求准时配送

续表

特征	表现形式	体现内容
精益化	仓储精益化	物料仓储在现场布置且布置最优化
	现场精益化	工作平台的设计、物料架布置、工具架布置应用精益理念
	生产控制精益化	现场按照质量、安全、成本、交付、人员（SQCDP）五大方面进行精益布置

b）控制层：主要完成设备层数据的实时采集、数据分析与可视化，与制造运行管理层实时交互数据，为装配执行提供依据，实现准确感知装配设备的实时运动状态，并实现数据与制造运行管理层的实时传递与反馈。

c）设备层：主要完成飞机装配的运动执行，将装配中的数据与控制层实时交互，应用数字化装配、数字化检测、自动化物流、工装精准移动等技术，实现装配的自动化，具体如表 3 所示。

表 3 装配的自动化特征

特征		表现形式	体现内容
自动化	自动钻铆	机身壁板自动钻铆	使用自动钻铆设备实现机身壁板自动钻铆
		机翼壁板自动钻铆	使用自动钻铆设备实现机翼壁板自动钻铆
	自动化对接	翼身对接自动化	采用数控定位器调姿，实现机翼与机身的自动化对接
		机身对接自动化	采用数控定位器调姿，实现机身的自动化对接
		机翼对接自动化	采用数控定位器调姿，实现机翼的自动化对接
		尾翼对接自动化	采用数控定位器调姿，实现尾翼的自动化对接
	自动制孔	活动翼面自动制孔	采用自动制孔设备实现复合材料活动翼面的自动制孔
		尾翼自动制孔	采用自动制孔设备实现复合材料尾翼的自动制孔
	数字化安装	发动机、起落架安装	采用数字化安装设备进行起落架、发动机的精确安装
	数字化物流	飞机移动/工装移动	采用数字化牵引设备和 AGV/雷达实现飞机精准移动
	自动化检测	全机线缆检测数字化	全机线缆的自动化检测
		全机系统检测	全机供电、机电、航电、飞控系统的自动化系统检测
		飞机水平测量	采用数字化测量技术实现飞机高精度水平测量

5 系统层级描述

5.1 设备层

5.1.1 功能内容

设备层的主要功能内容应包括：

a）自动钻铆/孔设备完成飞机装配中的制孔、铆接。

b）iGPS、激光跟踪仪等测量设备完成飞机部装、总装中的部件位置、姿态的测量工作。

c）装配型架完成飞机装配中的机身、机翼、尾翼、发动机等安装定位工作。

d）地面运输车/空中吊装运输工具完成飞机装配中的大部件的移动、吊装以及工装、工具的运输等工作。

e）柔性气动卡具与装配型架结合使用，完成飞机装配中的定位与装夹工作。

f）专用工装完成飞机装配中的管理以及电缆、起落架等的安装工作。

g）功能测试设备完成飞机航电、飞控、环控等系统的功能测试。

5.1.2 功能模型

设备层功能模型主要接收从控制层传来的数据，完成安装型架及飞机部件准备、物流运输、飞机装配、飞机测试等工作，并将执行过程中的测量数据、物流数据、飞机装配数据、飞机测试数据实时传递给控制层，其功能模型如图 2 所示。

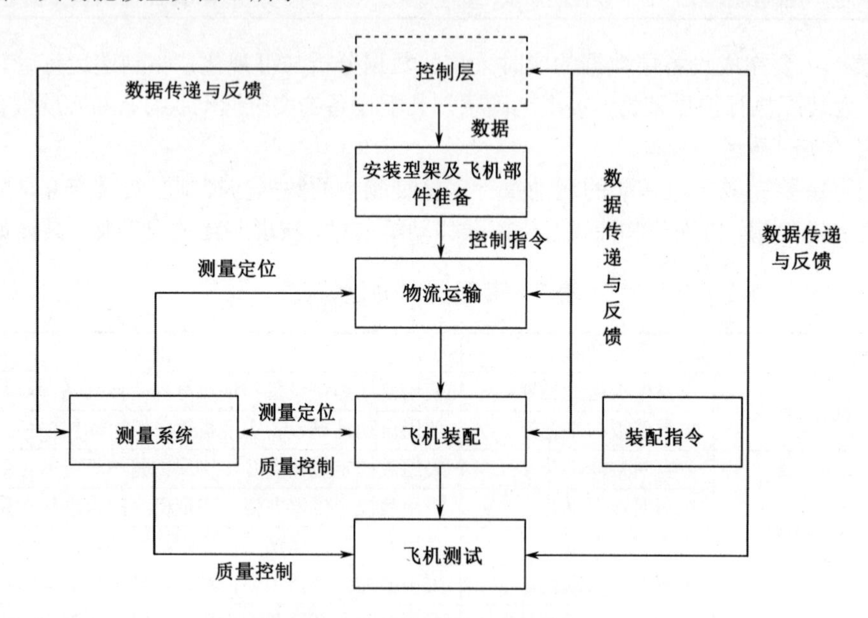

图 2 设备层功能模型

5.1.3 功能要求

设备层的主要功能要求应包括：

a）飞机装配中的主要设备如自动钻铆/孔设备、装配型架、测量系统、运输车等能够通过企业总线实现与控制层进行互联互通。

b）车间工人可借助有线/无线终端接收装配指令进行飞机装配。

c）运输车与测量系统能够实时通信，调整飞机装配的位置和状态。

d）装配工具可采用 RFID 或者条码等形式实现位置和状态的控制。

e）装配设备或型架应能够读取工艺模型数据。

5.2 控制层

5.2.1 功能内容

控制层的功能内容应包括：

a）数据采集：主要对飞机装配过程中的站位信息、工位信息、人员信息、环境能耗信息、质量信息、物流信息、设备使用信息等数据进行采集。

b）数据分析与可视化：对采集的数据进行提取，并按照一定的规则进行数据的可视化处理。

c）数据传递：将分析后的数据及采集的设备层的数据传递给制造运行管理层，为制造运行做支撑；同时接收制造运行管理层数据，并将数据下放给设备。

5.2.2 功能模型

控制层主要通过数据总线和通信协议与接口，实现对设备层设备使用状态数据的采集，经过数据库的存储及数据分析，将数据以适当的形式展现出来，并给制造运行管理层提供支撑。制造运行管理层通过对数据的分析，调整装配工艺，并将装配工艺数据下放到数据库，数据库数据通过数据总线、通信协议与接口传递给设备层中的设备，具体如图 3 所示。

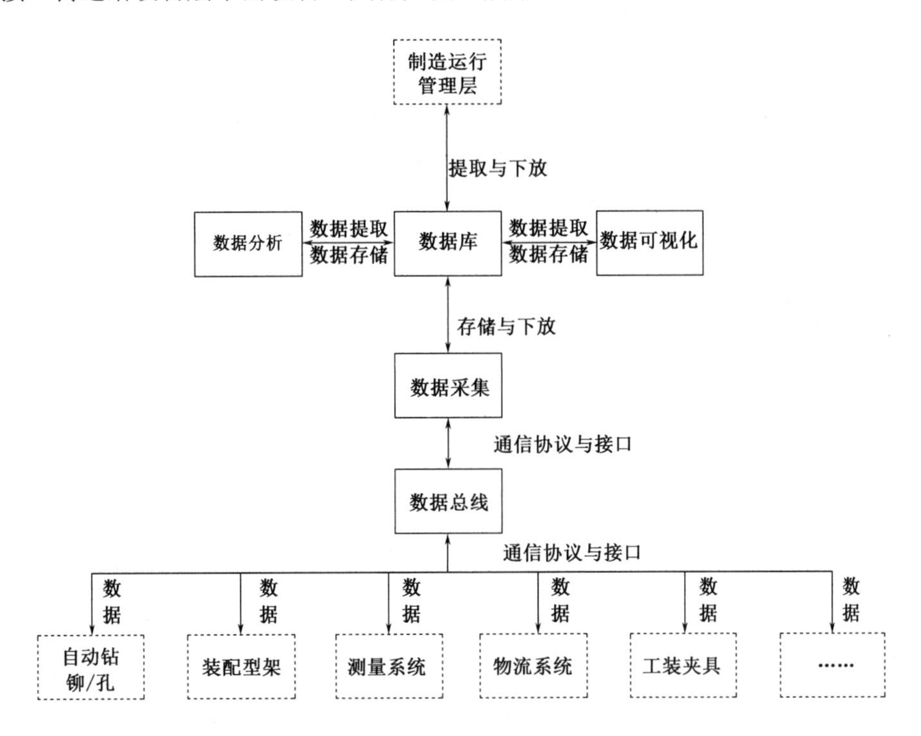

图 3 控制层功能模型

5.2.3 功能要求

控制层的功能要求应包括：

a）控制层总体上应满足数据的上传和下达。

b）数据通过数据接口实现与制造运行管理层和设备层的实时传递。

c）数据总线应能够满足不同装配设备之间的互联。

d）数据库应能实现对不同设备产生的类型数据的存储与分析。

5.3 制造运行管理层

5.3.1 功能内容

制造运行管理层的主要功能内容应包括：

a）装配执行管理：主要完成飞机装配中装配设备管理、装配计划管理、生产监控管理、装配资源管理以及相关的其他常用管理。具体如下：

1）装配设备管理主要完成装配用设备使用过程中的信息采集、信息分析及设备执行状态的管理，具体要求应满足 HB ×××××《航空装配数字化车间 装备智能化管理》的要求。

2）装配计划管理主要完成 AO 级三级作业计划编制、调整及下发。

3）生产监控管理主要完成飞机装配站位 AO 作业计划执行情况管理。

4）工装、工具、人力管理主要完成飞机装配中工装、工具的使用管理，以及人员工作管理等。

5）装配常用管理主要完成飞机装配中的安全管理、工时定额管理等。

b）质量管理：通过 iGPS、激光跟踪仪、坐标测量设备，以及专用的系统测试设备等实现对装配过程中的数据进行采集、分析、评价并指导装配工艺优化。

c）仓储与物流管理：通过对装配工艺进行分析，确定合理的物流运输路线及运输工艺，并与仓储进行集成，实现装配件、工具、夹具等按需、按时配送。

5.3.2 功能模型

制造运行管理层主要通过接收企业管理层的数据，根据生产计划要求和车间资源及工艺，进行详细的装配计划制订；然后，将详细计划下发到现场，并根据现场执行情况实时调度；装配执行时将控制指令、3D 装配指令等信息自动下发到生产制造装备的控制系统，并实时采集执行过程的生产相关数据，跟踪生产进度；最后，依据采集的数据进行分析，优化生产进度，调整计划排产，并将生产进度和绩效相关信息反馈到企业生产部门或 ERP 系统，完成车间计划的闭环管理，如图 4 所示。

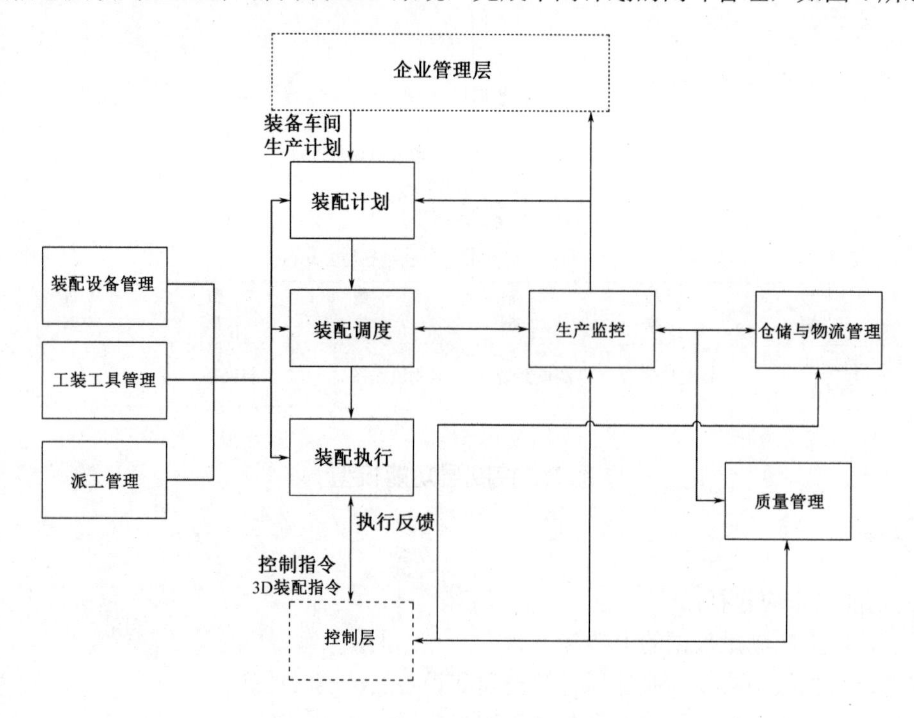

图 4　制造运行管理层功能模型

5.3.3 功能要求

制造运行管理层的功能要求应包括：

a）通过网络能够实现各管理系统之间的集成，能够实现管理系统与控制层、企业管理层的信息传递。

b）装配执行管理的功能要求按 GB/T 25485 执行，并满足《航空装配数字化车间　生产管理集成》的相关要求。

c）基于生产控制层实时采集数据以及现有的装配实际情况，实现对装配计划、装配执行、物流运输等方面的优化。

d）仓储与物流管理能够实现装配过程中的装配件、工具、设备使用状态、位置等信息的实时管理。

e）装配调度应能实时获取装配进度、各生产要素运行状态，以及生产现场各种异常信息，具备快速反应能力，可及时处理详细计划排产中无法预知的各种情况，保证装配作业有序、按计划完成。

成果六

航空装配数字化车间　工艺参考架构

引　言

标准解决的问题：

本标准规定了航空装配数字化车间工艺参考架构总则、装配规划、装配生产线、装配站位及装配工序。

标准的适用对象：

本标准适用于部装和总装级的航空装配数字化车间的工艺流程规划和工艺布局。

专项承担研究单位：

中国航空综合技术研究所。

专项参研联合单位：

中国航空综合技术研究所、中国电子技术标准化研究院、昌河飞机工业（集团）有限责任公司、西安飞机工业（集团）有限责任公司。

专项参加起草单位：

西安飞机工业（集团）有限责任公司、昌河飞机工业（集团）有限责任公司。

专项参研人员：

姜佳俊、寇洁、郑朔昉、张岩涛、张浩、王海桂。

航空装配数字化车间　工艺参考架构

1　范围

本标准规定了航空装配数字化车间工艺参考架构总则、装配规划、装配生产线、装配站位及装配工序。

本标准适用于部装和总装级的航空装配数字化车间的工艺流程规划和工艺布局。

2　规范性引用文件

下列文件对于本标准的应用是必不可少的。凡是注日期的引用文件，仅注日期的版本适用于本标准。凡是不注日期的引用文件，其最新版本（包括所有的修改单）适用于本标准。

HB ×××××　航空装配数字化车间　参考架构

3　术语和定义

HB ×××××《航空装配数字化车间　参考架构》中界定的以及下列术语和定义适用于本标准。

3.1

装配单元　assembly unit

在工艺设计环境下，依据设计模块划分工艺分离面形成的细化装配模块。

3.2

装配站位　assembly station

总装或部装生产线之下所划分的装配工位。

4　总则

4.1　一般要求

航空装配数字化车间的工艺参考架构应满足以下要求：

a）航空数字化车间的工艺布局应通过仿真手段进行优化。

b）航空数字化车间的装配工艺过程应采用 3D 装配指令进行数据传递，同时尽量利用装配三维视图指导操作过程。

c）航空装配数字化车间的工艺布局仿真需要数据支撑，包括装配规划的描述、装配生产线的描述、装配站位的描述、装配工序的描述等。

4.2 工艺参考架构

装配数字化车间工艺参考架构分为四个层次：装配规划、装配生产线、装配站位和装配工序，如图 1 所示。其主要内容包括：

a）装配规划是依据产品模型划分装配单元，开展工艺、设计并行协同工作。工艺、设计共同协调结构、系统等装配界面的划分，进行生产线的生产流程设计，并分析确定每个装配单元的工作内容及装配工艺方法。

b）装配生产线是按照装配规划中装配单元的划分结果进行设计的，装配生产线根据装配单元的自研、分承制和供应商的不同任务分工要求，建立各自装配单元的生产线设计流程和布局。装配生产线由多个站位组成。

c）装配站位是装配生产线的组成部分，站位的划分和布局按照装配生产线的产能要求以及总体装配工艺流程进行设计。

d）装配工序是站位装配任务的基本组成，每一个站位将包含多个装配工序。

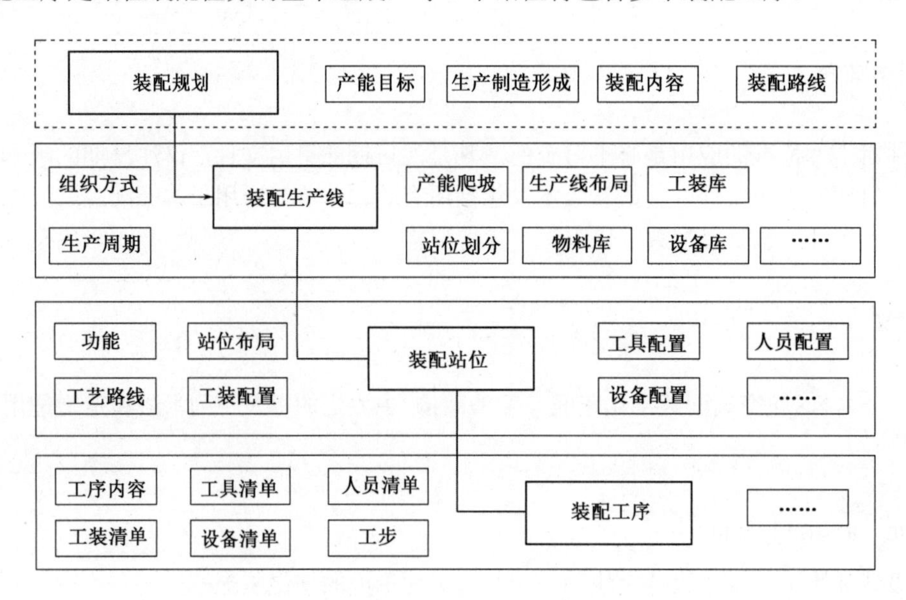

图 1　装配数字化车间工艺参考架构

5 装配规划

5.1 产能目标

产能目标是指在一定的计划周期内，利用既定的组织技术条件所能达到的飞机均衡交付的产量。产能目标应包括以下几个方面（详细描述方法见表 1）：

a）产品名称；

b）产品编号；

c）产能目标；

d）装配总工时；

e）现有产能分析。

表 1　产能目标

中文名称		英文名称	数据说明
产品名称		Product Name	依据各单位统一要求对所装配航空产品进行定义的名称
产品编号		Product Number	用于唯一标识本装配产品的代号，一般由字母、数字和符号组成
产能目标		Capacity Target	企业年度交付飞机数量
装配总工时		Total Man-hour	完成飞机装配任务所需要的总工时
现有产能分析	可用工时	Usable Man-hour	当前车间可分配至该产品装配的工时
	现有产能	Available Capacity	车间在可用工时的限制下一年可装配的飞机数量

5.2　生产制造形式

生产制造形式指飞机部件或者系统的研制方式。装配规划的描述中应考虑不同装配单元的渠道来源，对于采用自研模式、分承制模式或者供应商模式的装配单元应采用不同的描述方法。部件或系统生产制造形式包括（详细描述方法见表 2）：

a）部件名称；

b）部件编号；

c）生产制造形式。

表 2　生产制造形式

中文名称	英文名称	数据说明
部件名称	Parts Name	航空产品部件或者系统的名称
部件编号	Parts Number	用于唯一标识本部件的代号，一般由字母、数字和符号组成
生产制造形式	Parts Source	航空产品部件或者系统采用的研制方式，包括自研模式、分承制模式或者供应商模式等

5.3　装配内容

装配内容指该装配规划中所要完成的关键装配任务，例如机身和机翼对接、起落架安装和调试等。装配内容应包括以下内容（详细描述方法见表 3）：

a）产品名称；

b）产品编号；

c）装配任务名称；

d）装配任务编号。

表 3　装配内容

中文名称	英文名称	数据说明
产品名称	Product Name	依据各单位统一要求对所装配航空产品进行定义的名称
产品编号	Product Number	用于唯一标识本装配产品的代号，一般由字母、数字和符号组成
装配任务名称	Assembly Task Name	依据各单位统一要求对装配工艺中某一关键装配任务进行定义的名称，例如机身和机翼对接、起落架安装和调试等
装配任务编号	Assembly Task Number	用于唯一标识本装配任务的代号，一般由字母、数字和符号组成

5.4　装配路线

装配路线指该装配规划中所有关键装配任务的装配顺序。装配路线应包括以下内容（详细描述方法见表 4）：

a）装配路线名称；

b）装配路线编号；

c）装配路线。

表4　装配路线

中文名称	英文名称	数据说明
装配路线名称	Assembly Route Name	依据各单位统一要求对所装配路线进行定义的名称
装配路线编号	Assembly Route Number	用于唯一标识本装配路线的代号，一般由字母、数字和符号组成
装配路线	Assembly Route	由一系列关键装配任务编号按照先后顺序组成的航空产品装配顺序

6　装配生产线

6.1　组织方式

明确装配生产线选用的生产组织方式及要求，如脉动式装配线、移动式装配线、精益装配生产线或混合式方式等。装配生产线组织方式的描述应包括以下内容（详细描述方法见表5）：

a）生产线名称；

b）生产线编号；

c）组织方式。

表5　组织方式

中文名称	英文名称	数据说明
生产线名称	Assembly Line Name	依据各单位统一要求对所装配生产线进行定义的名称
生产线编号	Assembly Line Number	用于唯一标识本装配生产线的代号，一般由字母、数字和符号组成
组织方式	Organization Type	装配生产线的组织方式，例如脉动式装配生产线

6.2　生产周期

生产周期是指装配生产线产品的平均周期。生产周期不一定等于产品总生产时间。生产周期的描述应包括以下内容（详细描述方法见表6）：

a）生产线名称；

b）生产线编号；

c）产品名称；

d）产能目标；

e）生产周期；

f）每年工作天数；

g）单班工作时间。

表6　生产周期

中文名称	英文名称	数据说明
生产线名称	Assembly Line Name	依据各单位统一要求对所装配生产线进行定义的名称
生产线编号	Assembly Line Number	用于唯一标识本装配生产线的代号，一般由字母、数字和符号组成
产品名称	Product Name	依据各单位统一要求对所装配航空产品进行定义的名称
产能目标	Capacity Target	企业年度交付飞机数量
生产周期	Production Rhythm	企业生产一架飞机的平均时间
每年工作天数	Man-day Per Year	企业每年的有效工作天数
单班工作时间	Man-hour Per Day	企业每天单班有效工作时长

6.3 产能爬坡

产能爬坡是指生产线速及产量的提高。产能爬坡计划是指整个爬坡阶段的生产计划。产能爬坡计划应依次确定强制化能力建设周期、小批量能力建设周期、小批生产周期、产能爬坡周期以及大批量生产周期。产能爬坡计划的描述应包括以下内容（详细描述方法见表 7）：

a）生产线名称；

b）生产线编号；

c）产品名称；

d）强制化能力；

e）小批量能力；

f）小批生产；

g）产能爬坡；

h）大批量生产。

表 7　产能爬坡

中文名称	英文名称	数据说明
生产线名称	Assembly Line Name	依据各单位统一要求对所装配生产线进行定义的名称
生产线编号	Assembly Line Number	用于唯一标识本装配生产线的代号，一般由字母、数字和符号组成
产品名称	Product Name	依据各单位统一要求对所装配航空产品进行定义的名称
强制化能力	Enforce Capacity	强制化能力的建设周期
小批量能力	Small Batch Capacity	小批量能力的建设周期
小批生产	Small Batch Production	实现小批生产的周期
产能爬坡	Production Capacity Increasing	从小批量生产能力提升到大批量生产能力的周期
大批量生产	Mass Production	实现大批量生产的周期

6.4 站位划分

装配生产线的站位按照产能目标和周期定义进行划分，站位划分的描述应包括以下内容（详细描述方法见表 8）：

a）生产线名称；

b）生产线编号；

c）产品名称；

d）产能目标；

e）生产周期；

f）装配总工时；

g）站位划分。

表 8　站位划分

中文名称	英文名称	数据说明
生产线名称	Assembly Line Name	依据各单位统一要求对所装配生产线进行定义的名称
生产线编号	Assembly Line Number	用于唯一标识本装配生产线的代号，一般由字母、数字和符号组成
产品名称	Product Name	依据各单位统一要求对所装配航空产品进行定义的名称
产能目标	Capacity Target	企业年度交付飞机数量
生产周期	Production Rhythm	生产一架飞机所需的时间
装配总工时	Total Man-hour	完成飞机装配任务所需要的总工时
站位划分	Station Quantity	为了实现产能目标需要规划装配生产线的站位数量

6.5 生产线布局

生产线布局是指装配车间装配生产线站位所采用的布局形式。飞机装配生产线常见的布局有直线形、Y 字形和 U 字形等。生产线布局的描述应包括以下内容（详细描述方法见表 9）：

a）生产线名称；
b）生产线编号；
c）产品名称；
d）站位划分；
e）生产线布局；
f）生产线尺寸。

表 9 生产线布局

<table>
<tr><th colspan="2">中文名称</th><th>英文名称</th><th>数据说明</th></tr>
<tr><td colspan="2">生产线名称</td><td>Assembly Line Name</td><td>依据各单位统一要求对所装配生产线进行定义的名称</td></tr>
<tr><td colspan="2">生产线编号</td><td>Assembly Line Number</td><td>用于唯一标识本装配生产线的代号，一般由字母、数字和符号组成</td></tr>
<tr><td colspan="2">产品名称</td><td>Product Name</td><td>依据各单位统一要求对所装配航空产品进行定义的名称</td></tr>
<tr><td colspan="2">站位划分</td><td>Station Quantity</td><td>为了实现产能目标需要规划装配生产线的站位数量</td></tr>
<tr><td colspan="2">生产线布局</td><td>Assembly Line Layout</td><td>装配生产线站位所采用的布局形式，如直线形</td></tr>
<tr><td rowspan="4">生产线尺寸</td><td>面积</td><td>Assembly Line Area</td><td>所布局生产线的占地面积</td></tr>
<tr><td>长</td><td>Assembly Line Length</td><td>所布局生产线的长度</td></tr>
<tr><td>宽</td><td>Assembly Line Width</td><td>所布局生产线的宽度</td></tr>
<tr><td>高</td><td>Assembly Line Height</td><td>所布局生产线的高度</td></tr>
</table>

6.6 物料库

物料库是统一存放装配生产线所需零部件或者标准件的库房。物料库包括零部件存放区和标准件存放区，必要时零部件和标准件也可以分成两个库房存放。物料库的描述应包括以下内容（详细描述方法见表 10）：

a）物料库名称；
b）物料库编号；
c）物料库布局；
d）最大存储量；
e）当前存储量。

表 10 物料库

<table>
<tr><th colspan="2">中文名称</th><th>英文名称</th><th>数据说明</th></tr>
<tr><td colspan="2">物料库名称</td><td>Material Warehouse Name</td><td>依据各单位统一要求对物料库进行定义的名称</td></tr>
<tr><td colspan="2">物料库编号</td><td>Material Warehouse Number</td><td>用于唯一标识本物料库的代号，一般由字母、数字和符号组成</td></tr>
<tr><td rowspan="3">物料库布局</td><td>长</td><td>Material Warehouse Length</td><td>物料库的长度</td></tr>
<tr><td>宽</td><td>Material Warehouse Width</td><td>物料库的宽度</td></tr>
<tr><td>位置</td><td>Material Warehouse Location</td><td>物料库的位置</td></tr>
<tr><td rowspan="2">零部件</td><td>最大存储量</td><td>Parts Maximum Storage</td><td>物料库中零部件的最大存放数量</td></tr>
<tr><td>当前存储量</td><td>Parts Present Storage</td><td>物料库中零部件的当前存放数量</td></tr>
<tr><td rowspan="2">标准件</td><td>最大存储量</td><td>Standard Parts Maximum Storage</td><td>物料库中标准件的最大存放数量</td></tr>
<tr><td>当前存储量</td><td>Standard Parts Present Storage</td><td>物料库中标准件的当前存放数量</td></tr>
</table>

6.7 工装库

工装库是用来统一存放装配生产线所需工装的库房。工装库所存放工装包括通用工装和专用工装等。工装库的描述应包括以下内容（详细描述方法见表 11）：

a）工装库名称；

b）工装库编号；

c）工装库布局；

d）最大存储量；

e）当前存储量。

表 11 工装库

中文名称		英文名称	数据说明
工装库名称		Tooling Warehouse Name	依据各单位统一要求对工装库进行定义的名称
工装库编号		Tooling Warehouse Number	用于唯一标识本工装库的代号，一般由字母、数字和符号组成
工装库布局	长	Tooling Warehouse Length	工装库的长度
	宽	Tooling Warehouse Width	工装库的宽度
	位置	Tooling Warehouse Location	工装库的位置
最大存储量		Tooling Maximum Storage	工装库中最大存放数量
当前存储量		Tooling Present Storage	工装库中当前存放数量

6.8 设备库

设备库是用来存放装配所用的操作类设备或者检测设备等的仓库。设备库的描述应包含以下内容（详细描述方法见表 12）：

a）设备库名称；

b）设备库编号；

c）设备库布局；

d）最大存储量；

e）当前存储量。

表 12 设备库

中文名称		英文名称	数据说明
设备库名称		Equipment Warehouse Name	依据各单位统一要求对设备库进行定义的名称
设备库编号		Equipment Warehouse Number	用于唯一标识本设备库的代号，一般由字母、数字和符号组成
设备库布局	长	Equipment Warehouse Length	设备库的长度
	宽	Equipment Warehouse Width	设备库的宽度
	位置	Equipment Warehouse Location	设备库的位置
最大存储量		Equipment Maximum Storage	设备库中最大存放数量
当前存储量		Equipment Present Storage	设备库中当前存放数量

7 装配站位

7.1 功能

装配站位功能应规定在该站位中所要完成的装配任务，以及站位中的部件输入、部件输出及交付状态。站位功能描述应包括以下内容（详细描述方法见表 13）：

a）站位名称；
b）站位编号；
c）装配任务；
d）输入；
e）输出；
f）交付状态。

表 13　功能

中文名称	英文名称	数据说明
站位名称	Station Name	依据各单位统一要求对所装配生产线中站位进行定义的名称
站位编号	Station Number	用于唯一标识本站位的代号，一般由字母、数字和符号组成
装配任务	Assembly Task	该站位所要完成的具体装配任务名称
输入	Station Input	该站位完成装配任务所需的部件或子系统
输出	Station Output	该站位完成装配任务后所形成的部件或系统
交付状态	Delivery Status	该站位完成装配后形成的部件所达到的检验要求

7.2　工艺路线

按照站位的装配任务定义装配工艺路线。工艺路线的描述应包括（详细描述方法见表 14）：
a）工艺路线名称；
b）工艺路线编号；
c）工艺路线。

表 14　工艺路线

中文名称	英文名称	数据说明
工艺路线名称	Assembly Route Name	依据各单位统一要求对站位工艺路线进行定义的名称
工艺路线名称	Assembly Route Number	用于唯一标识本站位工艺路线的代号，一般由字母、数字和符号组成
工艺路线	Assembly Route	该站位装配任务的工艺流程

7.3　站位布局

站位布局是指装配站位内的布局形式和功能分区。站位布局的描述应包括以下内容（详细描述方法见表 15）：
a）站位名称；
b）站位编号；
c）站位布局。

表 15　站位布局

<table>
<tr><th colspan="2">中文名称</th><th>英文名称</th><th>数据说明</th></tr>
<tr><td colspan="2">站位名称</td><td>Station Name</td><td>依据各单位统一要求对所装配生产线中站位进行定义的名称</td></tr>
<tr><td colspan="2">站位编号</td><td>Station Number</td><td>用于唯一标识本站位的代号，一般由字母、数字和符号组成</td></tr>
<tr><td rowspan="3">站位布局</td><td>长</td><td>Station Length</td><td>站位的长度</td></tr>
<tr><td>宽</td><td>Station Width</td><td>站位的宽度</td></tr>
<tr><td>位置</td><td>Station Location</td><td>站位的位置</td></tr>
</table>

7.4　工装配置

工装配置指该装配站位完成所有装配任务所需要配置的工装。工装配置的描述应包含以下内容（详细描述方法见表 16）：

a）站位名称；

b）站位编号；

c）工装配置。

表 16　工装配置

中文名称		英文名称	数据说明
站位名称		Station Name	依据各单位统一要求对所装配生产线中站位进行定义的名称
站位编号		Station Number	用于唯一标识本站位的代号，一般由字母、数字和符号组成
工装配置	名称	Tooling Name	站位所需工装的名称
	功能	Tooling Function	站位所需该工装的功能
	类型	Tooling Type	站位所需该工装的类型
	数量	Tooling Quantity	站位所需该工装的数量

7.5　工具配置

工具配置指该装配站位完成所有装配任务所需要配置的装配工具。工具配置的描述应包含以下内容（详细描述方法见表 17）：

a）站位名称；

b）站位编号；

c）工具配置。

表 17　工具配置

中文名称		英文名称	数据说明
站位名称		Station Name	依据各单位统一要求对所装配生产线中站位进行定义的名称
站位编号		Station Number	用于唯一标识本站位的代号，一般由字母、数字和符号组成
工具配置	名称	Tool Name	站位所需工具的名称
	功能	Tool Function	站位所需该工具的功能
	类型	Tool Type	站位所需该工具的类型
	数量	Tool Quantity	站位所需该工具的数量

7.6　设备配置

设备配置指该装配站位完成所有装配任务需要配置的设备。设备配置的描述应包含以下内容（详细描述方法见表 18）：

a）站位名称；

b）站位编号；

c）设备配置。

表 18　设备配置

中文名称	英文名称	数据说明
站位名称	Station Name	依据各单位统一要求对所装配生产线中站位进行定义的名称
站位编号	Station Number	用于唯一标识本站位的代号，一般由字母、数字和符号组成

续表

中文名称		英文名称	数据说明
设备配置	名称	Equipment Name	站位所需设备的名称
	功能	Equipment Function	站位所需该设备的功能
	类型	Equipment Type	站位所需该设备的类型
	数量	Equipment Quantity	站位所需该设备的数量

7.7 人员配置

人员配置应按照装配工艺流程的需要，明确生产线人力资源配置要求，如生产线所需人员岗位、岗位能力等。人员配置的描述应包含以下内容（详细描述方法见表19）：

a）站位名称；

b）站位编号；

c）人员配置。

表19 人员配置

中文名称		英文名称	数据说明
站位名称		Station Name	依据各单位统一要求对所装配生产线中站位进行定义的名称
站位编号		Station Number	用于唯一标识本站位的代号，一般由字母、数字和符号组成
人员配置	岗位	Staff Post	站位所需人员的岗位能力
	能力	Staff Post Level	站位所需该岗位人员的能力水平
	数量	Staff Quantity	站位所需该岗位人员的数量

8 装配工序

8.1 工序内容

工序是由工步组成，工序的描述应包含以下内容（详细描述方法见表20）：

a）工序名称；

b）工序编号；

c）工序流程；

d）工序输入；

e）工序输出；

f）工序时间。

表20 工序内容

中文名称	英文名称	数据说明
工序名称	Process Name	依据各单位统一要求对工序进行定义的名称
工序编号	Process Number	用于唯一标识本工序的代号，一般由字母、数字和符号组成
工序流程	Process Flow	由一系列工步按照先后顺序组成的装配顺序
工序输入	Process Input	完成该装配工序所需的部件或子系统
工序输出	Process Output	完成该装配工序后所形成的部件或系统
工序时间	Process Time	完成该工序所需的时间

8.2　工装清单

工装清单指该工序对于工装的需求清单。工装清单的描述应包含以下内容（详细描述方法见表 21）：

a）工序名称；

b）工序编号；

c）工装需求。

表 21　工装清单

中文名称		英文名称	数据说明
工序名称		Process Name	依据各单位统一要求对工序进行定义的名称
工序编号		Process Number	用于唯一标识本工序的代号，一般由字母、数字和符号组成
工装	名称	Tooling Name	工序所需工装的名称
	功能	Tooling Function	工序所需该工装的功能
	类型	Tooling Type	工序所需该工装的类型
	数量	Tooling Quantity	工序所需该工装的数量

8.3　工具清单

工具清单指该工序对于工具的需求清单。工具清单的描述应包含以下内容（详细描述方法见表 22）：

a）工序名称；

b）工序编号；

c）工具需求。

表 22　工具清单

中文名称		英文名称	数据说明
工序名称		Process Name	依据各单位统一要求对工序进行定义的名称
工序编号		Process Number	用于唯一标识本工序的代号，一般由字母、数字和符号组成
工具	名称	Tool Name	工序所需工具的名称
	功能	Tool Function	工序所需该工具的功能
	类型	Tool Type	工序所需该工具的类型
	数量	Tool Quantity	工序所需该工具的数量

8.4　设备清单

设备清单指该工序对于设备的需求清单。设备清单的描述应包含以下内容（详细描述方法见表 23）：

a）站位名称；

b）站位编号；

c）设备需求。

表 23　设备清单

中文名称		英文名称	数据说明
工序名称		Process Name	依据各单位统一要求对工序进行定义的名称
工序编号		Process Number	用于唯一标识本工序的代号，一般由字母、数字和符号组成
设备	名称	Equipment Name	工序所需设备的名称
	功能	Equipment Function	工序所需该设备的功能
	类型	Equipment Type	工序所需该设备的类型
	数量	Equipment Quantity	工序所需该设备的数量

8.5 人员清单

人员清单应按照装配工艺流程的需要，明确生产线人力资源配置要求，如生产线所需人员岗位、岗位能力等。人员清单的描述应包含以下内容（详细描述方法见表24）：

a）工序名称；

b）工序编号；

c）人员配置。

表24 人员清单

中文名称		英文名称	数据说明
工序名称		Process Name	依据各单位统一要求对工序进行定义的名称
工序编号		Process Number	用于唯一标识本工序的代号，一般由字母、数字和符号组成
人员	岗位	Staff Post	工序所需人员的岗位能力
	能力	Staff Post Level	工序所需该岗位人员的能力水平
	数量	Staff Quantity	工序所需该岗位人员的数量

8.6 工步

工步是对工序内容的细化，工步的描述一般应包含工步名称、工步编号、工步内容、工装、工具、设备、人员、工时等信息。工步的描述应包括以下内容（详细描述方法见表25）：

a）工步名称；

b）工步编号；

c）工步内容；

d）工装；

e）工具；

f）设备；

g）人员；

h）工时。

表25 工步

中文名称		英文名称	数据说明
工步名称		Step Name	依据各单位统一要求对加工工步定义的名称
工步编号		Step Number	用于唯一标识加工工步的代号，一般由字母、数字和符号组成
工步内容		Step Content	本工步需完成的任务概述
工装	名称	Tooling Name	完成工步加工内容所用工装的名称
	型号	Tooling Type	完成工步加工内容所用工装的型号
工具	名称	Tool Name	完成工步加工内容所用工具的名称
	型号	Tool Type	完成工步加工内容所用工具的型号
设备	名称	Equipment Name	完成工步加工内容所用设备的名称
	型号	Equipment Type	完成工步加工内容所用设备的型号
人员	岗位	Staff Post	完成工步所需人员的岗位能力
	能力	Staff Post Level	完成工步所需该岗位人员的能力水平
工时		Man-hour	完成本工步耗费的工时

成果七

航空装配数字化车间　生产管理集成

引　言

标准解决的问题：

本标准规定了航空装配数字化车间生产管理集成内容，以及内部集成和外部集成数据要求。

标准的适用对象：

本标准适用于航空装配数字化车间生产管理集成系统的构建。

专项承担研究单位：

中国航空综合技术研究所。

专项参研联合单位：

中国航空综合技术研究所、中国电子技术标准化研究院、昌河飞机工业（集团）有限责任公司、西安飞机工业（集团）有限责任公司。

专项参加起草单位：

西安飞机工业（集团）有限责任公司、昌河飞机工业（集团）有限责任公司。

专项参研人员：

吴灿辉、马征、李学常、夏晓理、许增辉、蒋理科。

航空装配数字化车间　生产管理集成

1　范围

本标准规定了航空装配数字化车间生产管理集成内容，以及内部集成和外部集成数据要求。

本标准适用于航空装配数字化车间生产管理集成系统的构建。

2　规范性引用文件

下列文件对于本文件的应用是必不可少的。凡是注日期的引用文件，仅所注日期的版本适用于本文件。凡是不注日期的引用文件，其最新版本（包括所有的修改单）适用于本文件。

HB ×××××　航空机加数字化车间　参考架构

HB ×××××　航空装配数字化车间　参考架构

HB ×××××　航空装配数字化车间　装备智能化管理

3　术语和定义

HB ×××××《航空机加数字化车间　参考架构》界定的术语和定义适用于本标准。

4　一般要求

4.1　集成方式

集成方式主要有三种：

a）中间接口式：建立在中间共享数据库或中间文件的基础上，根据需要提供共享一方的数据模型，并将它定义到接受共享一方的数据整体模型中，形成统一的共享数据结构。

b）封装组件式：建立在两个或多个应用系统（或工具）基础上，通过应用程序封装、工具集调用、组件调用等技术，使一方调用另一方应用系统的功能以实现数据文件共享。

c）一体平台式：一体平台式遵循不同的信息应用系统都是整个业务流程的一部分，只是出于不同的阶段的理念。两系统之间实施一体化紧密集成时，主要是把一系统的所有业务流程在另外一个系统中实现，使得前者是后者功能的一部分。

4.2　集成内容

根据 HB ×××××《航空装配数字化车间　参考架构》中确立的航空装配数字化车间参考架构，生产管理集成架构如图 1 所示，主要集成内容应包括：

a）生产管理系统之间的集成：主要包括生产线实时监控系统、计划管理系统、数字看板管理系统、设备管理系统等的集成。

b）生产管理系统与企业管理系统的集成：主要包括生产管理系统与企业 ERP 系统、PDM 系统、档案系统等的集成。

c）生产管理系统与设备系统的集成：主要包括操作指令、设备状态监控、设备应用过程数据、设备操作响应、能源动力控制系统等的集成。

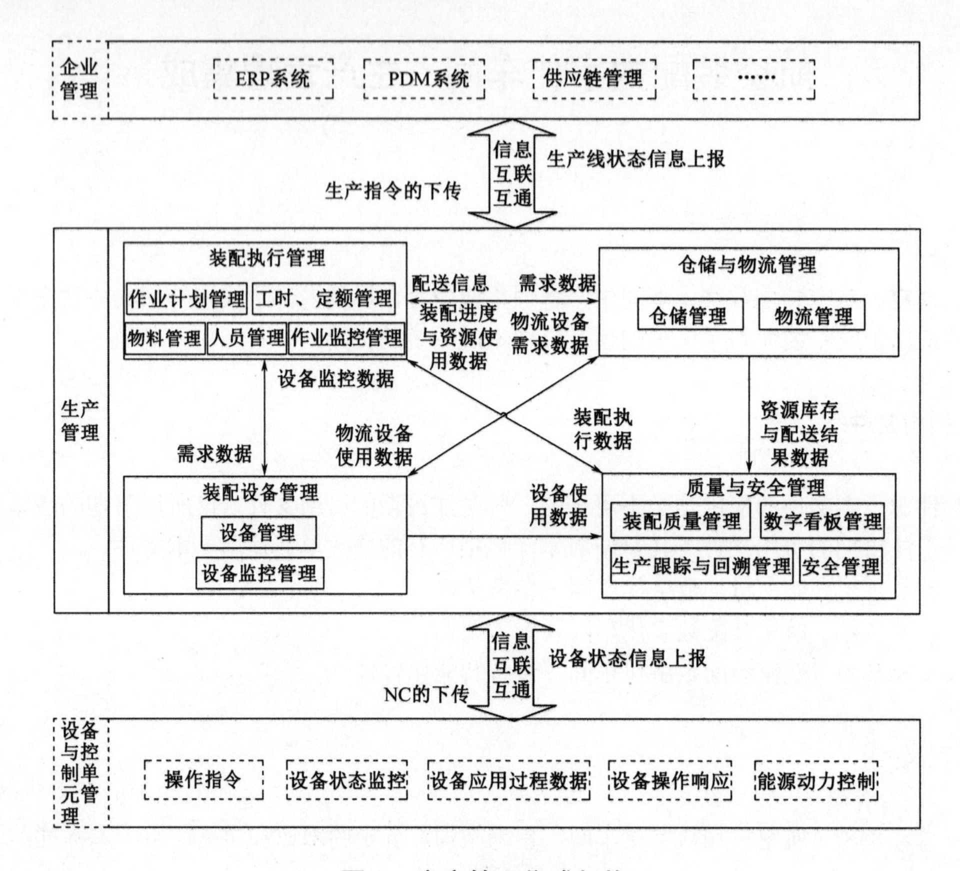

图1　生产管理集成架构

5　生产管理系统集成数据要求

5.1　装配执行管理

5.1.1　作业计划管理

5.1.1.1　业务活动及数据流

装配作业计划管理业务活动及数据流如图2和图3所示，应包括：

a）装配作业计划接受ERP订单信息及生产计划信息。

b）根据车间生产能力及设备、物料等信息，形成装配车间生产计划。

c）根据装配生产计划，将计划中用到的设备信息、物料信息、物流信息等分别传递给设备管理、物料管理等。

5.1.1.2　数据要求

计划管理与其他管理系统之间传递的数据信息应包括物料需求信息、设备需求信息、物流信息、仓储信息、人员需求信息和质量检验信息等，其信息的描述如表1～表6所示。

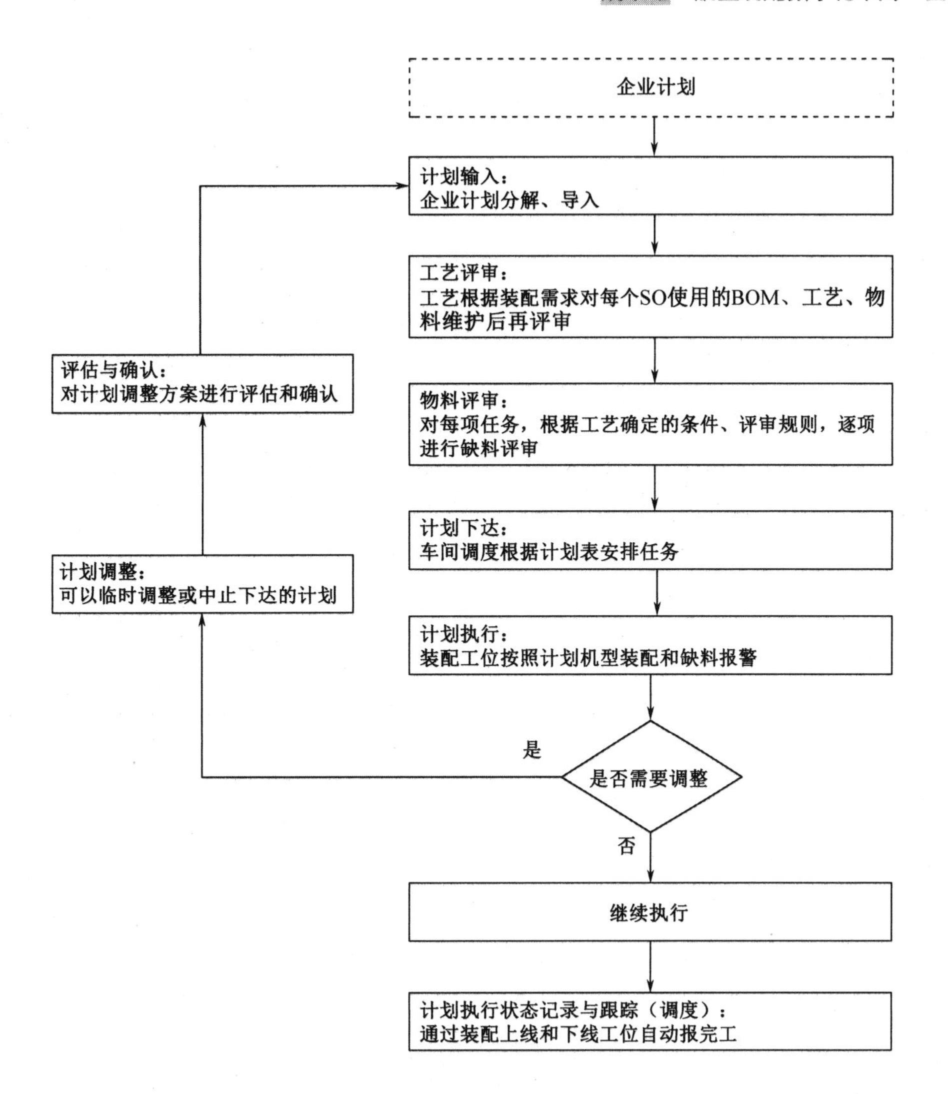

图 2　作业计划管理业务活动

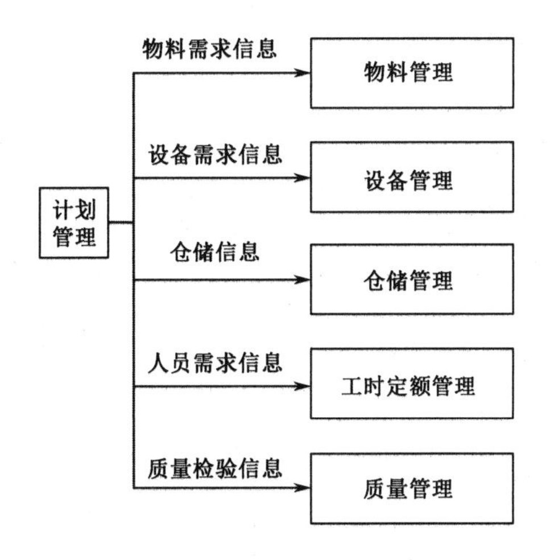

图 3　作业计划管理数据流

表 1　物料需求信息描述

中文名	英文名	数据说明
物料名称	Material Name	所需物料名称
物料数量	Material Amount	所需物料数量
物料到位时间	Material Ready Time	所需物料到位时间

表 2　设备需求信息描述

中文名	英文名	数据说明
设备名称	Facility Name	所需设备名称
设备数量	Facility Amount	所需设备数量
设备到位时间	Facility Ready Time	所需设备到位时间

表 3　物流信息描述

中文名	英文名	数据说明
产品名称	Product Name	计划配送零部件名称
配送时间	Product Distribution Time	产品计划配送时间

表 4　仓储信息描述

中文名	英文名	数据说明
仓储零部件名称	Warehousing Part Name	仓储零部件名称
仓储零部件数量	Warehousing Part Amount	仓储零部件数量
入库时间	Inhouse Time	仓储零部件计划入库时间
出库时间	Outhouse Time	仓储零部件计划出库时间

表 5　人员需求信息描述

中文名	英文名	数据说明
人员种类	Personnel Type	计划所需人员类别
人员数量	Personnel Amount	计划所需人员数量
人员工作时间	Personnel Working Time	计划所需人员工作时间

表 6　质量检验信息描述

中文名	英文名	数据说明
产品检验计划	Inspection Plan	产品检验的计划
产品检验项目	Inspection Item	产品检验的项目清单

5.1.2　物料管理

5.1.2.1　业务活动及数据流

物料管理的业务活动和数据流如图 4 和图 5 所示，应包括：

a）从装配计划接受物料需求信息，实时计算和汇总生产过程需要使用的物料数量。

b）按照生产计划，将物料信息传递给仓储管理及物流管理系统，定时配送到装配线的每一个工位。

c）跟踪物料的使用状态，将信息反馈给仓储管理。

d）当物料缺少时，实现系统自动缺料报警，信息传递给生产线实时监控报警系统。

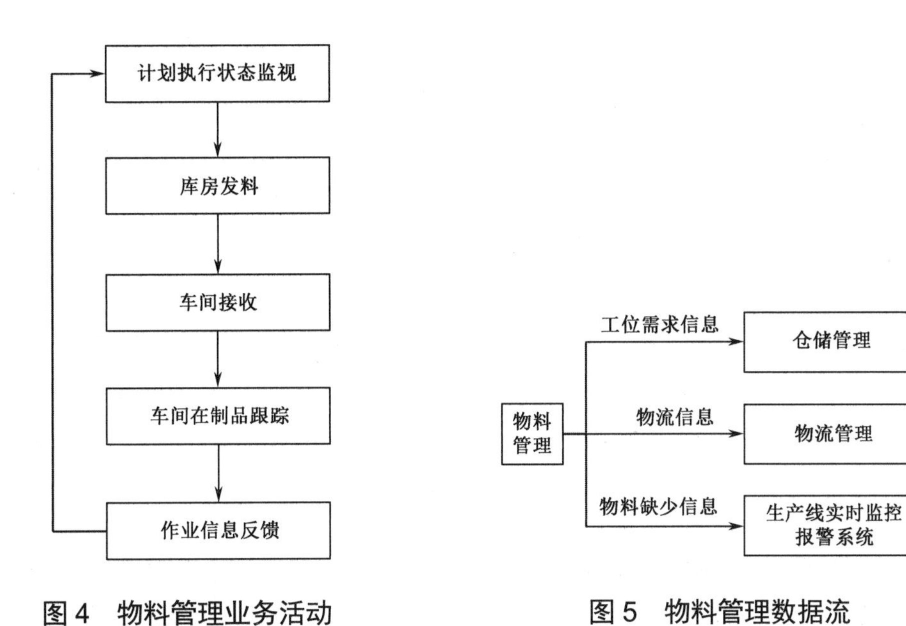

图 4 物料管理业务活动

图 5 物料管理数据流

5.1.2.2 数据要求

物料管理与其他管理系统之间传递的数据信息应包括工位需求信息、物流信息和物料缺少信息，其信息的描述如表 7～表 9 所示。

表 7 工位需求信息描述

中文名	英文名	数据说明
物料名称	Material Name for Station	工位需求的物料名称
物料数量	Material Amount for Station	工位需求的物料数量

表 8 物流信息描述

中文名	英文名	数据说明
产品名称	Product Name	计划配送零部件名称
配送时间	Product Distribution Time	产品计划配送时间

表 9 物料缺少信息描述

中文名	英文名	数据说明
物料缺少名称	Shortage Material Name	工位缺少的物料名称
物料缺少数量	Shortage Material Amount	工作缺少的物料数量

5.1.3 工时、定额管理

5.1.3.1 业务活动及数据流

工时、定额管理的业务活动和数据流如图 6 和图 7 所示，应包括：

a）接收计划管理对工作时间的要求信息。

b）统计工人的工作信息，并将信息发送给人员培训绩效管理。

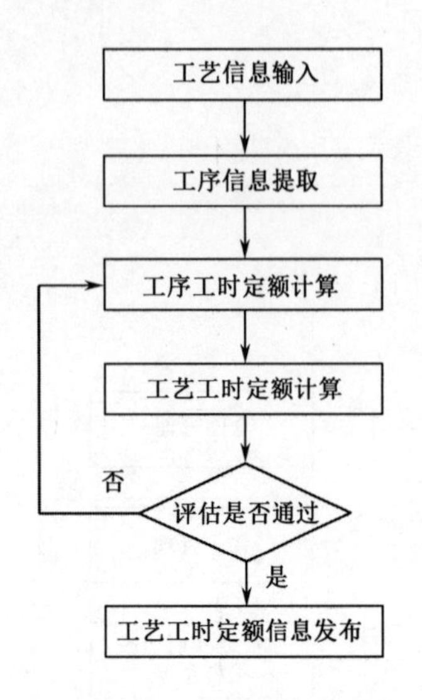

图 6　工时、定额管理业务活动

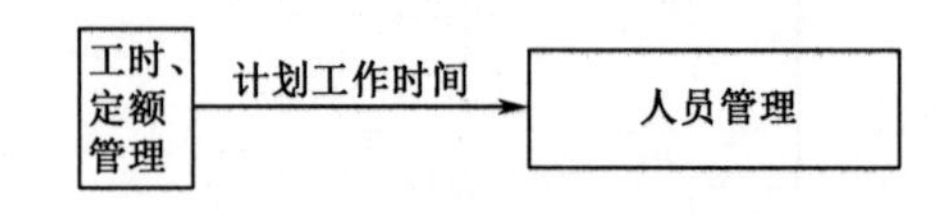

图 7　工时、定额管理数据流

5.1.3.2　数据要求

工时、定额管理与其他管理系统之间传递的数据信息应包括工作时间信息，其信息的描述如表 10 所示。

表 10　工作时间信息描述

中文名	英文名	数据说明
人员姓名	Personnel Name	作业人员姓名
人员种类	Personnel Type	作业人员种类
人员工作时间	Personnel Working Time	作业人员工作时间

5.1.4　人员管理

5.1.4.1　业务活动及数据流

人员管理的业务活动和数据流如图 8 和图 9 所示，应包括：

a）接收生产计划对人员的需求信息。

b）接收工时、定额管理信息，对工人的绩效进行管理。

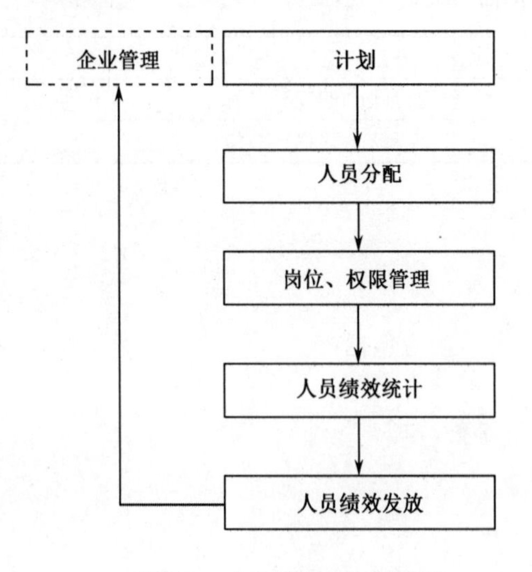

图 8　人员管理业务活动

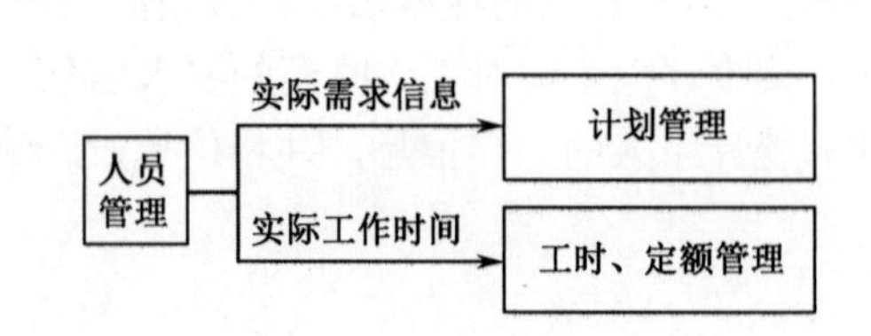

图 9　人员管理数据流

5.1.4.2 数据要求

人员管理与其他管理系统之间传递的数据信息应包括需求信息和工作时间信息，其信息的描述如表 11 和表 12 所示。

表 11 需求信息描述

中文名	英文名	数据说明
人员数量	Personnel Amount	需求人员数量
人员工种	Personnel Type	需求人员工种
人员工作内容	Personnel Working Content	需求人员工作内容

表 12 工作时间信息描述

中文名	英文名	数据说明
每天工作小时数	Working Hours Per Day	作业人员每天工作的小时数
每月工作天数	Working Days Per Month	作业人员每月工作的天数
每年工作月数	Working Months Per Year	作业人员每年工作的月数

5.1.5 作业监控管理

5.1.5.1 业务活动及数据流

装配工位按照装配指令要求进行作业，其作业监控管理业务活动及数据流如图 10 和图 11 所示，应包括：

a）操作者装配操作落后，并预测在装配节拍内不能完成装配内容时，通过报警系统将进度信息传递给计划管理、数字看板管理、人员管理等系统。

b）工位缺料时，由工人发出警报通知物料管理、物流管理、仓储管理。

c）操作者由于某些原因需要暂时离开工位时，由操作者发出警报通知工时、定额管理系统。

d）操作者发现前面某工位零件装配出现质量问题，或待装配零件本身出现问题时，通过报警系统请求帮助，将信息发送给质量管理系统。

e）当生产线设置质量检查点发现问题时，由质检人员通过报警系统发送信息给质量管理系统。

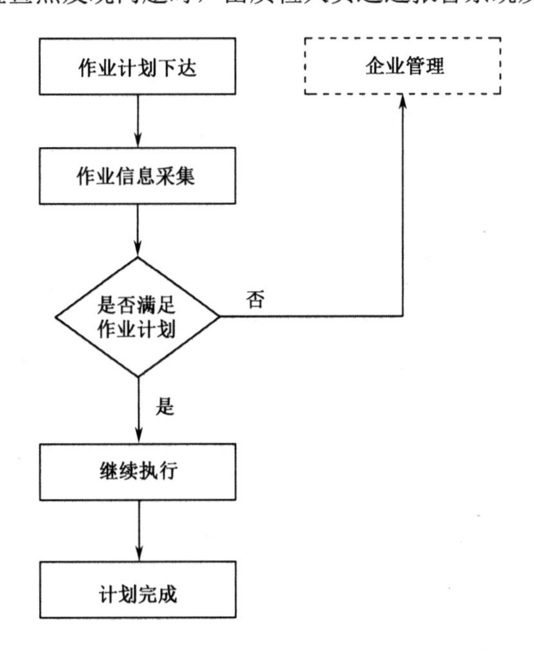

图 10 装配工位作业监控管理业务活动

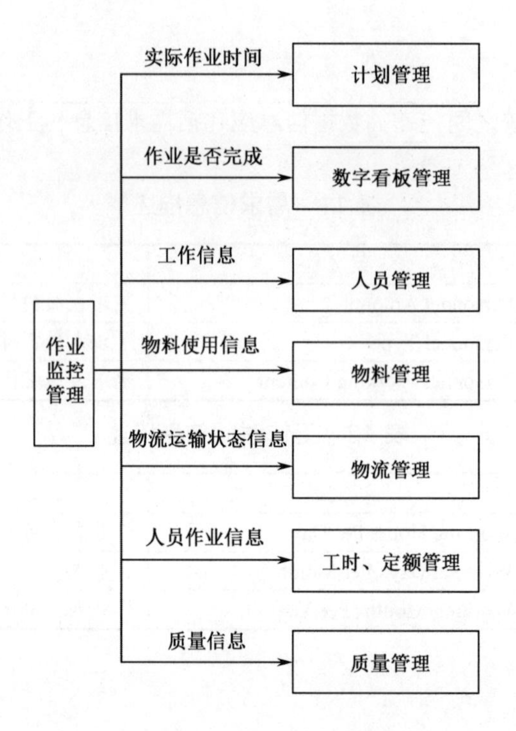

图 11　装配工位作业监控管理数据流

5.1.5.2　数据要求

装配工位作业监控与其他管理系统之间传递的数据信息应包括作业信息、物料使用信息、物流运输状态信息、人员作业信息和质量信息，其信息的描述如表 13～表 17 所示。

表 13　作业信息描述

中文名	英文名	数据说明
作业时间	Working Hours	装配指令完成小时数
作业完成状态信息	Working Finished or Not	作业是否完成

表 14　物料使用信息描述

中文名	英文名	数据说明
物料名称	Material Name	物料的命名
物料数量	Material Amount	物料的数量

表 15　物流运输状态信息描述

中文名	英文名	数据说明
当前状态	Current Status	完成/进行中

表 16　人员作业信息描述

中文名	英文名	数据说明
人员编码	Personnel Code	作业人员代码编号
人员姓名	Personnel Name	作业人员姓名
人员职称	Technical Title	作业人员职称
人员工种	Branch of Work	作业人员所属工作种类
人员作业小时数	Working Hours	作业人员工作小时数

表 17　质量信息描述

中文名	英文名	数据说明
装配质量描述信息	Assembly Quality Description Information	装配件质量特性的描述
零件质量描述信息	Part Quality Description Information	零部件质量特性的描述

5.2　装配设备管理

5.2.1　设备管理

设备管理的主要活动可按照 HB ×××××《航空装配数字化车间　装备智能化管理》执行。

5.2.2　设备监控管理

5.2.2.1　业务活动及数据流

设备运行监控的主要目的、数据采集及业务活动可按照 HB ×××××《航空装配数字化车间　装备智能化管理》执行，设备监控管理数据流如图 12 所示，应包括：

a）设备故障监控。设备遇到故障时，通过报警系统将信息传递给设备管理、计划管理等系统。

b）设备活动区域监控。当设备活动区域超过规定的活动区域后，通过报警系统将信息传递给设备管理系统。

c）设备使用状态监控。将设备的使用时间、空闲时间等使用状态数据传递给设备管理系统、综合统计分析系统。

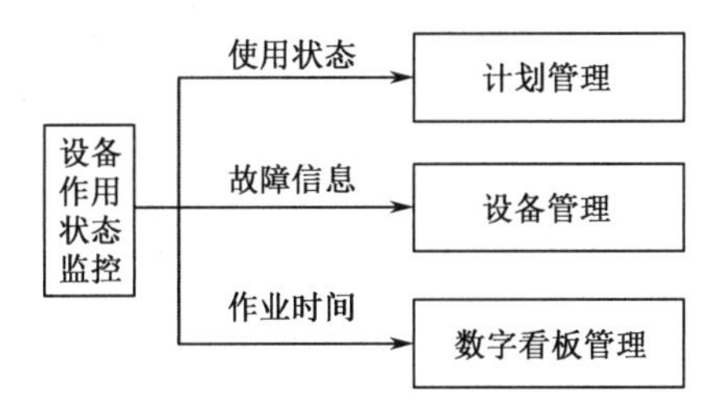

图 12　设备监控管理数据流

5.2.2.2　数据要求

设备使用状态监控与其他管理系统之间传递的数据信息应包括使用状态信息、故障信息和作业时间信息，其信息的描述如表 18～表 20 所示。

表 18　使用状态信息描述

中文名	英文名	数据说明
正常	Normal	设备处于正常使用状态
故障	Fault	设备故障，不能使用
维修	Maintain	设备处于维修状态，不能使用
闲置	Set Aside	设备正常，但未在使用

表 19　故障信息描述

中文名	英文名	数据说明
故障类型	Fault Type	设备故障类别
故障描述	Fault Description	设备故障信息描述

表 20　作业时间信息描述

中文名	英文名	数据说明
每天运行小时数	Working Hours Per Day	设备在每一天的运行小时数
每月运行天数	Working Days Per Month	设备在每一月的运行天数
每年运行月数	Working Months Per Year	设备在每一年的运行月数

5.3　仓储与物流管理

5.3.1　仓储管理

5.3.1.1　业务活动及数据流

仓储管理的主要活动和数据流如图 13 和图 14 所示，应包括：

a）从装配计划接受零部件需求信息。

b）仓储管理将零部件信息传递给物流管理系统，定时配送到装配线的每一个工位。

c）跟踪零部件的状态，将信息反馈给仓储管理。

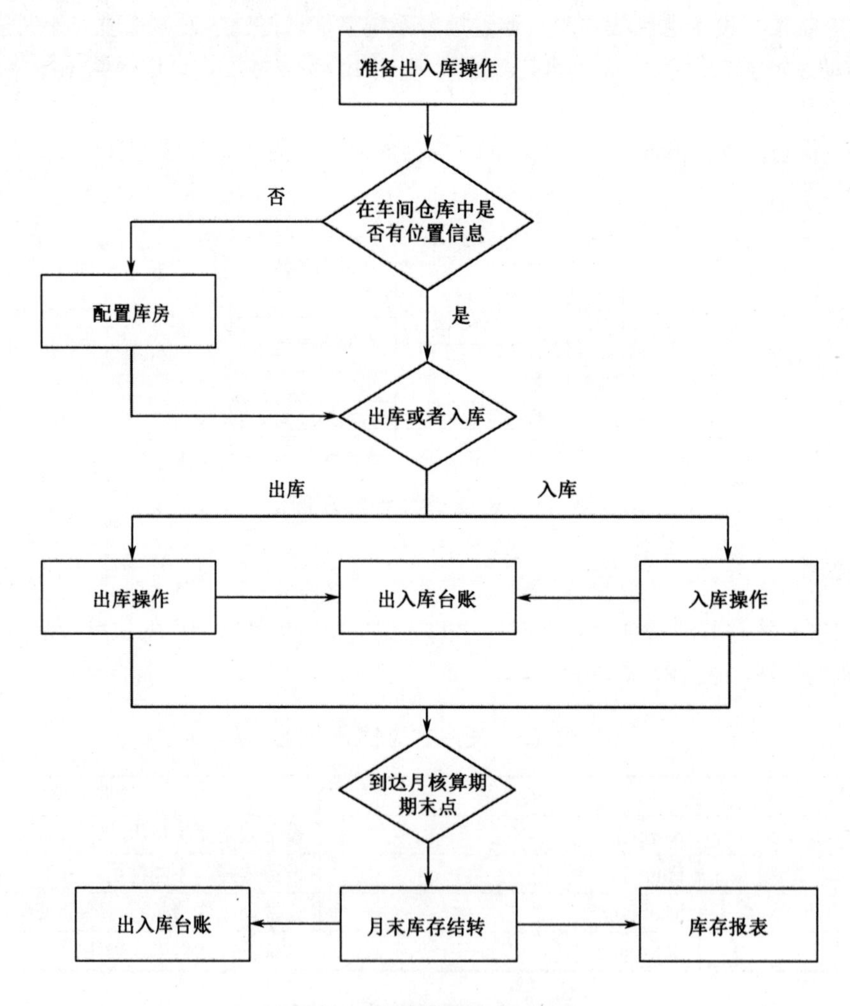

图 13　仓储管理业务活动

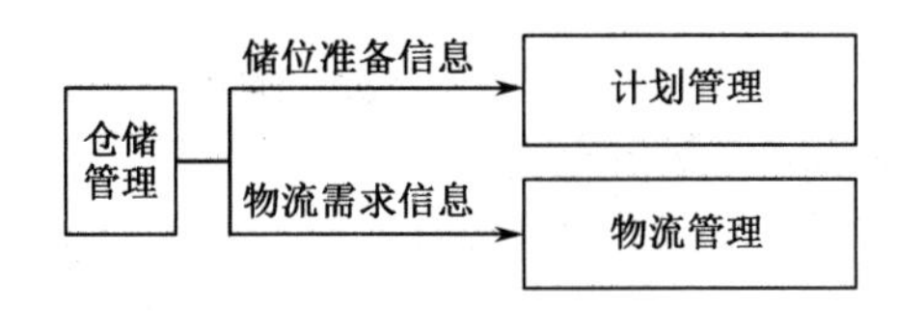

图 14 仓储管理数据流

5.3.1.2 数据要求

仓储管理与其他管理系统之间传递的数据信息应包括储位准备信息和物流需求信息，其信息的描述如表 21 和表 22 所示。

表 21 储位准备信息描述

中文名	英文名	数据说明
仓储产品名称	Warehousing Product Name	仓储产品名称信息
仓储产品数量	Warehousing Product Amount	仓储产品数量信息
储位坐标	Warehousing Room Position	仓储产品可使用的存储位置信息

表 22 物流需求信息描述

中文名	英文名	数据说明
物流设备名称	Logistic Facility Name	物流配送设备名称
配送产品名称	Required Product Name	工位需求产品名称
配送产品数量	Required Product Amount	工位需求产品数量

5.3.2 物流管理

5.3.2.1 业务活动及数据流

装配物流管理活动和数据流如图 15 和图 16 所示，应包括：

a）物流管理系统从作业计划管理系统接收配送订单信息。

b）从物料管理、仓储管理系统中提取配送产品信息。

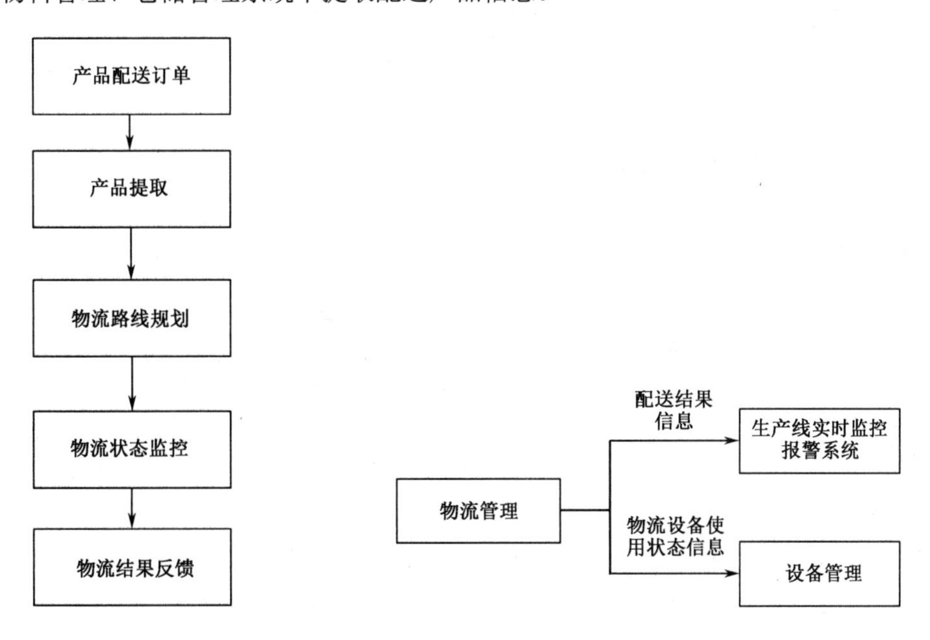

图 15 物流管理业务活动

图 16 物流管理数据流

c）根据物流配送路线实际情况，进行配送路线规划，确定配送路线。

d）进行物流配送，实时监控物流配送的位置和状态。

e）工位接收到配送产品后，进行配送信息反馈。

5.3.2.2 数据要求

物流管理与其他管理系统之间传递的数据信息应包括：物料信息、零部件信息、产品使用计划信息、配送结果信息、物料设备使用状态信息和产品使用计划信息，其信息的描述如表23和表24所示。

表23 配送结果信息描述

中文名	英文名	数据说明
物料配送的目标位置	Target Location for Material Distribution	物料配送的目标位置
物料配送反馈信息	Feedback Information of Material Distribution	物流配送结果反馈

表24 物流设备使用状态信息描述

中文名	英文名	数据说明
设备名称	Facility Name	物流设备名称
设备数量	Facility Amount	物流设备数量
设备状态	Facility Status	物流设备使用状态
设备位置	Facility Location	物流设备位置坐标

5.4 质量与安全管理

5.4.1 装配质量管理

5.4.1.1 业务活动及数据流

装配质量管理的数据流如图17所示，其主要活动应包括：

a）现场质检信息实时采集：通过对现场质量信息的实时采集，对于质量问题的确定、原因、波及的范围实现快速准确定位并实现产品隐患的追溯和分析，对工艺过程的稳定性以及产品良率、不良缺陷分布的波动状况进行实时监控并预警，对产线上的问题进行有效预防，并将检验不合格的产品按批次或条码进行返工，记录返工的原因、返工工艺、工位、操作员、时间和返工结果等。

b）生产全过程质检监控：提供工序检验、完工检验、关键过程检验、工程更改贯彻等多种检验手段，并对偏离、保留等例外情况进行跟踪管理，从而形成完整的检验控制体系。系统提供设备采集、条码采集、手工录入、电子数据导入等多种数据采集方式。主要包含检验计划管理、各种检验管理、工程更改贯彻、不合格品审理等。

c）多维度质量分析：通过采集质量过程中的各项重要数据进行问题记录，并对质量问题进行分析，找出影响质量的关键因素，以此来确保生产的最佳状态。收集到这些重要的信息，并将数据应用于企业管理系统进而最大限度地利用设备，并延长其使用寿命。

d）质量改进管理：针对生产过程中出现的质量问题，能够建立质量改进项目，并对改进项目进行任务分解及分配，实现任务执行情况的跟踪以及各个责任部门改进任务的执行情况和执行状态的查询统计。

e）不合格品处理：对检验不合格的产品触发质量流程（IQS 系统），记录不合格品的机型、数量及其他特征、返工的日期和完成时间等关键信息，如图18所示。

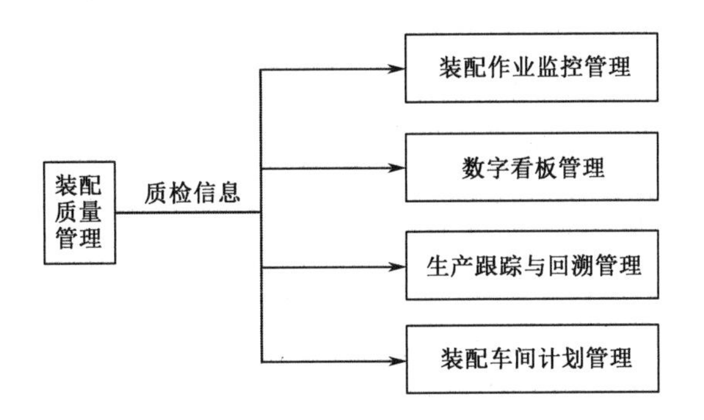

图 17 装配质量管理数据流

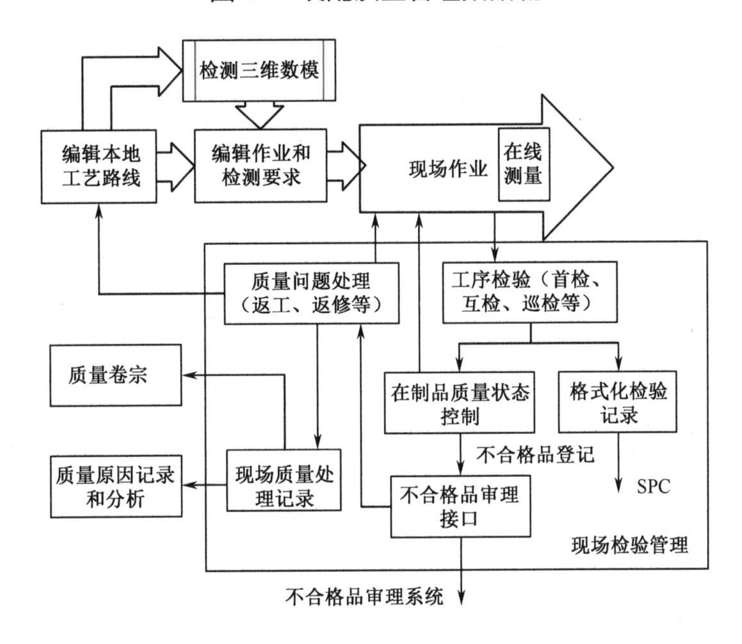

图 18 不合格品处理

5.4.1.2 数据要求

质量管理与其他管理系统之间传递的数据信息应包括质量事故信息、检验计划信息、检验数据信息、处理结果信息，其信息的描述如表 25 所示。

表 25 质量管理信息描述

中文名	英文名	数据说明
质量事故	Quality Accident	质量事故描述
检验计划	Inspection Plan	质量检验计划
检验数据	Inspection Data	质量检验数据
处理结果	Treatment Result	质量事故处理结果

5.4.2 生产跟踪与回溯管理

5.4.2.1 业务活动及数据流

生产跟踪与回溯管理的业务活动及数据流如图 19 和图 20 所示，应包括：

a）在飞机装配过程中将飞机状态信息传递给计划管理系统。

b）将飞机装配过程中的质量数据传递给质量管理系统。

c）将飞机装配过程中的人员工作信息传递给人员培训绩效管理系统。

d）将飞机装配过程中的设备使用信息传递给设备管理系统。

e）将飞机装配过程中的物料使用信息传递给物料管理系统。

f）将装配中的物流运输状态传递给物流管理系统。

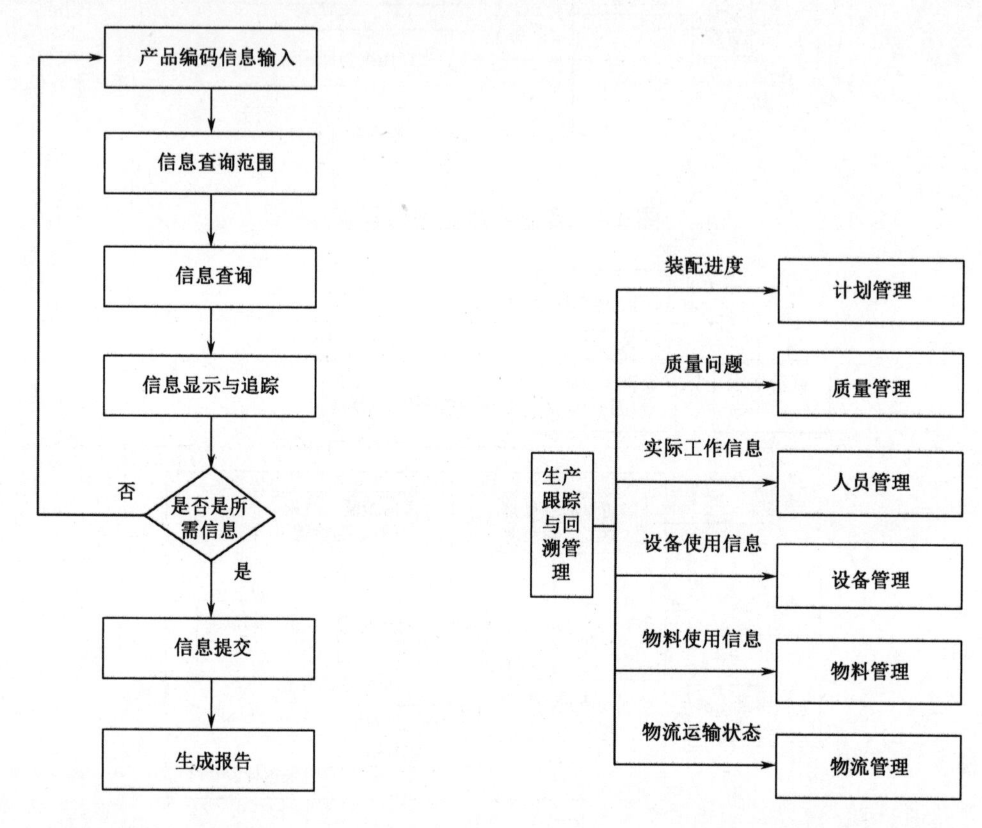

图 19　生产跟踪与回溯管理业务活动　　图 20　生产跟踪与回溯管理数据流

5.4.2.2　数据要求

生产跟踪与回溯管理与其他管理系统之间传递的数据信息应包括装配进度信息、质量问题信息、工作信息、设备使用信息、物料使用信息和物流运输状态信息，其信息的描述如表 26～表 31 所示。

表 26　装配进度信息描述

中文名	英文名	数据说明
装配目标时间	Assembly Target Time	装配作业目标完成时间
装配进度时间	Assembly Current Schedule	装配作业进度时间

表 27　质量问题信息表

中文名	英文名	数据说明
指标超标	Index Deviation	作业过程中指标超标信息描述
质量事故信息	Quality Issue Information	作业过程中质量事故信息描述

表 28　工作信息描述

中文名	英文名	数据说明
装配人员种类	Assembly Personnel Type	装配作业人员种类
装配人员数量	Assembly Personnel Amount	装配作业人员数量
装配人员工作时间	Assembly Personnel Working Time	装配作业人员工作时间

表 29 设备使用信息描述

中文名	英文名	数据说明
设备名称	Facility Name	使用设备名称
设备状态	Facility Status	使用设备状态
设备使用时间	Facility Working Time	设备使用时间

表 30 物料使用信息描述

中文名	英文名	数据说明
物料名称	Material Name	使用物料名称
物料数量	Material Amount	使用物料数量
物料应用地点	Material Location for Using	物料使用地点
物料准备时间	Material Ready Time	物料准备时间

表 31 物流运输状态描述

中文名	英文名	数据说明
运输设备名称	Logistic Facility Name	物流运输设备名称
运输设备状态	Logistic Facility Status	物流运输设备状态
运输路线	Logistic Routine	物流运输计划路线
运输位置	Logistic Destination	物流运输位置坐标

5.4.3 数字看板管理

5.4.3.1 业务活动及数据流

数字看板管理的业务活动及数据流如图 21 和图 22 所示，应包括：

a）从安全管理系统中提取相关的安全信息进行统计分析并可视化。

b）从质量管理系统中提取质量相关信息进行统计分析并可视化。

c）从物料管理系统中提取物料使用成本信息进行统计分析并可视化。

d）从计划管理系统中提取装配进度信息进行统计分析并可视化。

e）从人员培训绩效管理系统中提取人员工作相关信息进行统计分析并可视化。

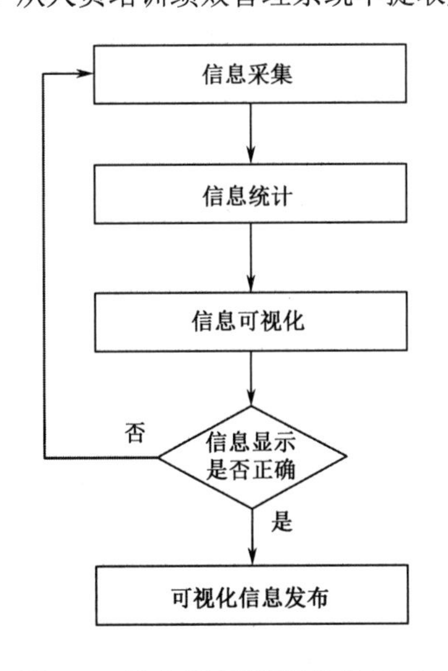

图 21 数字看板管理业务活动

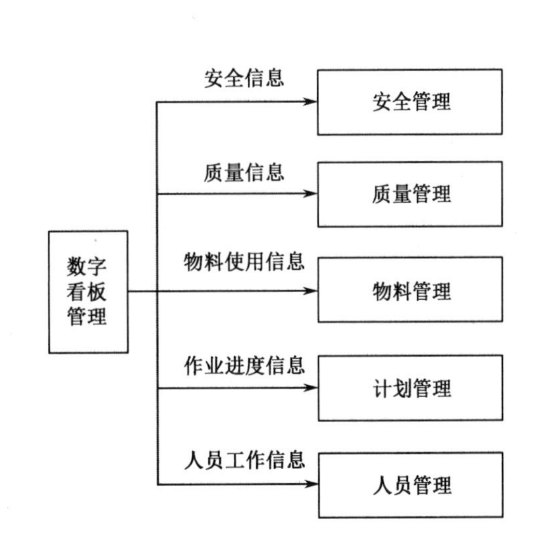

图 22 数字看板管理数据流

5.4.3.2 数据要求

数字看板管理与其他管理系统之间传递的数据信息应包括安全信息、质量信息、物料使用信息、作业进度信息和人员工作信息，其信息的描述如表 32～表 36 所示。

表 32 安全信息描述

中文名	英文名	数据说明
设备使用安全信息	Security Information of Facility Using	设备使用过程中的安全性描述
人员操作安全信息	Security Information of Personnel Operation	人员作业过程中的安全性描述

表 33 质量信息描述

中文名	英文名	数据说明
产品质量问题描述	Issue Description of Product Quality	产品质量特性描述
产品质量统计数据	Statistics of Product Quality	产品质量数据统计

表 34 物料使用信息描述

中文名	英文名	数据说明
物料名称	Material Name	作业过程中所用物料名称
物料种类	Material Type	作业过程中所用物料种类
物料数量	Material Amount	作业过程中所用物料数量

表 35 作业进度信息描述

中文名	英文名	数据说明
当前进度信息	Current Status Information	作业当前状态
目标进度信息	Target Status Information	作业目标状态

表 36 人员工作信息描述

中文名	英文名	数据说明
人员姓名	Personnel Name	作业人员姓名
人员工作时间	Personnel Working Time	作业人员工作时间
人员工作内容	Personnel Working Content	作业人员工作内容

5.4.4 安全管理

5.4.4.1 业务活动及数据流

安全管理的业务活动及数据流如图 23 和图 24 所示， 从设备管理系统中读取设备的使用信息和安检信息，判断设备的使用安全。

5.4.4.2 数据要求

安全管理与其他管理系统之间传递的数据信息应包括使用和检修信息，其信息的描述如表 37 所示。

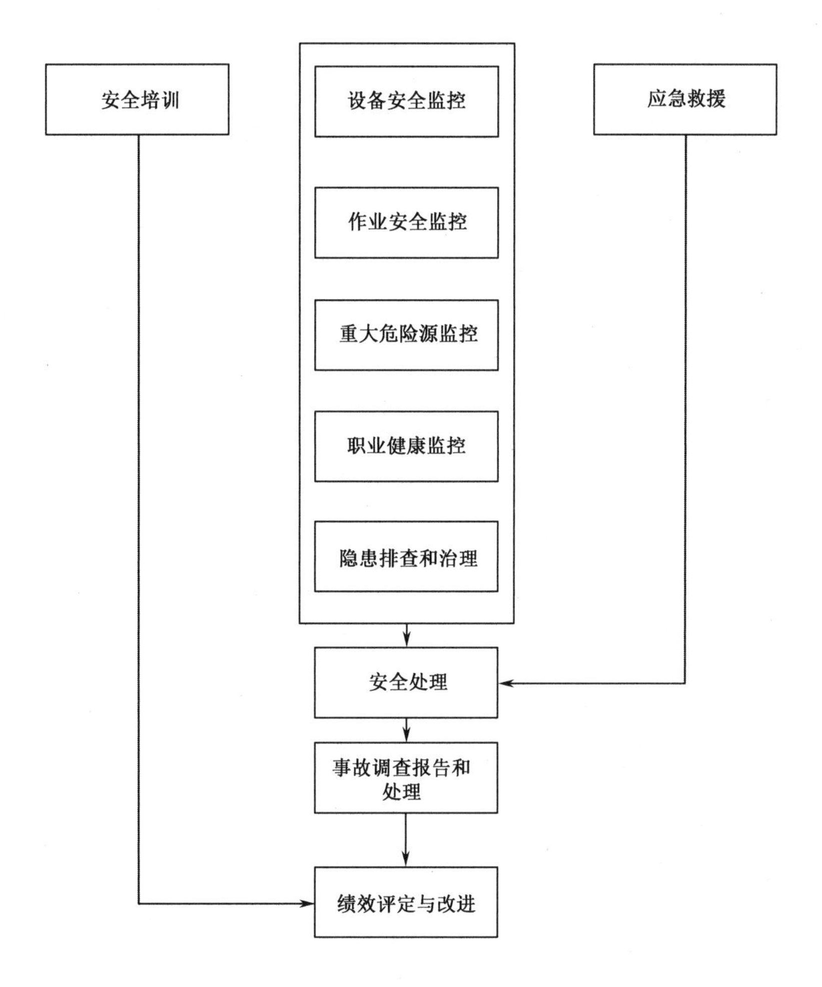

图 23　安全管理业务活动

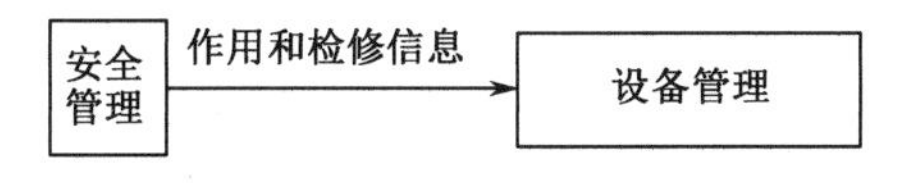

图 24　安全管理数据流

表 37　使用和检修信息描述

中文名	英文名	数据说明
设备使用信息	Facility Using Information	设备使用信息描述
设备故障信息	Facility Fault Information	设备故障信息描述
设备检修信息	Facility Repaire Information	设备检验和维修信息描述

6　生产管理系统与企业其他系统集成数据要求

6.1　生产管理与企业管理层的集成活动

6.1.1　业务活动及数据流

生产管理与企业管理的集成活动数据流如图 25 所示，应包括：

a）生产管理系统接受企业 ERP 系统的生产计划或者订单信息。

b）生产管理系统接受 PDM 中产品的工艺信息。

c）生产管理系统将生产计划、资源需求及使用、产品数据、生产进度、人员绩效、财务信息等反馈给企业 ERP、PDM、人力资源管理、财务管理、档案管理等系统。

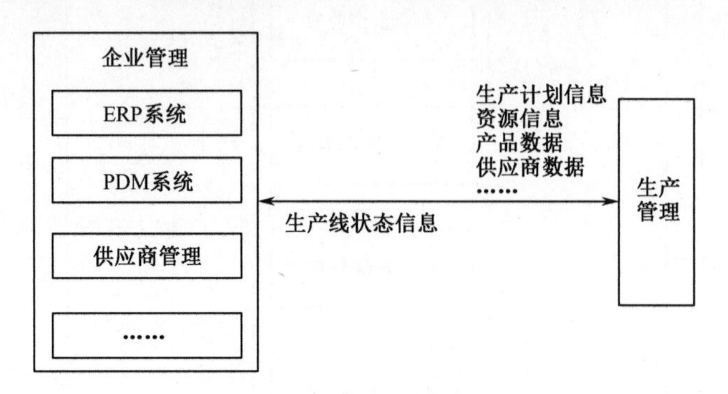

图 25　生产管理与企业管理的集成活动数据流

6.1.2　数据要求

生产管理与企业 ERP、PDM 等系统之间传递的数据信息应包括生产计划信息、资源信息、产品数据信息和生产线状态信息等，其信息的描述如表 38～表 41 所示。

表 38　生产计划信息描述

中文名	英文名	数据说明
年度生产数量	Producing Amount Per Year	年度计划生产数量
年度生产时间	Producing Time Per Year	年度计划生产时间

表 39　资源信息描述

中文名	英文名	数据说明
物料	Material	物料名称、数量等信息
设备	Facility	设备名称、数量等信息
工具	Tooling	工具名称、数量等信息
人员	Personnel	人员种类、数量等信息

表 40　产品数据信息描述

中文名	英文名	数据说明
产品模型数据	Product Model Data	产品模型数据
工艺文档	Process Document	产品工艺文档
仿真数据	Simulation Data	产品仿真数据
制造过程中的产品相关数据	Manufacturing Data	产品制造过程中的相关数据

表 41　生产线状态信息描述

中文名	英文名	数据说明
生产线状态	Production Line Status	正常运行/故障/闲置
人员工作时间	Personnel Working Time	人员的工作时间
年度完成情况	Finishing Description Per Year	年度工作完成情况

6.2　生产管理与设备层的集成活动

6.2.1　业务活动及数据流

生产管理与设备层的集成活动数据流如图 26 所示，应包括：

a）将数控加工代码（NC）或者装配指令传递给设备控制单元。

b）设备运行数据传递给生产管理。

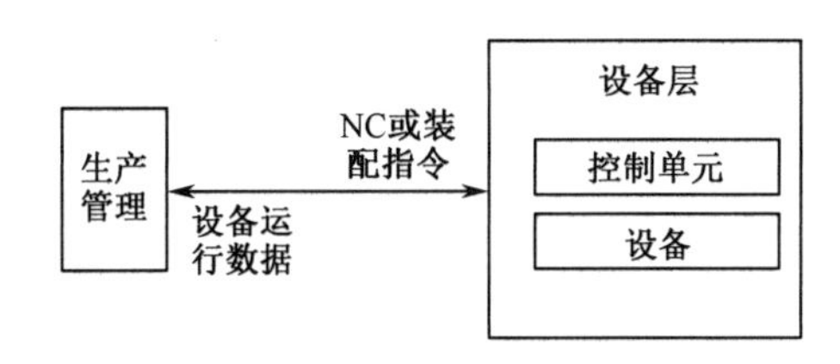

图 26　生产管理与设备层集成的数据流

6.2.2　数据要求

生产管理与设备层之间的数据传递内容应包括 NC 代码、装配指令、设备运行数据。其中 NC 代码和装配指令的数据描述如表 42 所示；设备运行数据包括设备使用中的相关数据，可参见 HB ××××× 《航空装配数字化车间　装备智能化管理》“5.2　数据采集内容”的相关内容。

表 42　信息描述

中文名	英文名	数据说明
NC 代码	NC Code	NC 代码信息
装配指令	Assembly Order	装配指令信息

成果八

航空装配数字化车间　装备智能化管理

引 言

标准解决的问题：

本标准规定了航空装配数字化车间装备智能化管理功能架构和特征，以及数据采集和数据应用要求。

标准的适用对象：

本标准适用于航空装配数字化车间在建设、改造和使用过程中对装备的智能化管理。

专项承担研究单位：

中国航空综合技术研究所。

专项参研联合单位：

中国航空综合技术研究所、中国电子技术标准化研究院、昌河飞机工业（集团）有限责任公司、西安飞机工业（集团）有限责任公司。

专项参加起草单位：

西安飞机工业（集团）有限责任公司、昌河飞机工业（集团）有限责任公司。

专项参研人员：

徐云天、王守川、李学常、张岩涛、高峰、王锟。

航空装配数字化车间　装备智能化管理

1　范围

本标准规定了航空装配数字化车间装备智能化管理功能架构和特征，以及数据采集和数据应用要求。

本标准适用于航空装配数字化车间在建设、改造和使用过程中对装备的智能化管理。

2　规范性引用文件

下列文件对于本标准的应用是必不可少的。凡是注日期的引用文件，仅注日期的版本适用于本标准。凡是不注日期的引用文件，其最新版本（包括所有的修改单）适用于本标准。

GB 3100　国际单位制及其应用

GB/T 4863　机械制造工艺基本术语

GB/T ×××××　数字化车间　通用技术条件

HB 7804　数控设备综合应用效率与测评

HB ×××××　航空装配数字化车间　参考架构

3　术语和定义

GB/T 4863 以及 GB/T ×××××《数字化车间　通用技术条件》中界定的术语和定义适用于本标准。

4　装备分类

依据装备在航空装配数字化车间装配过程中的功能要求，航空装配数字化车间的装备应包含以下几类。

a）装配操作装备

装配操作装备指直接参与飞机装配活动的设备，功能是实现飞机整机或部件的定位、对接、钻孔、调姿、安装和固定等。航空数字化车间的常用装配操作装备包括产品装配平台、装配型架、水平调控测量装备、发动机安装调整装备、自动钻铆装备、自动对接装备和装配工艺装备等。

b）物流装备

物流装备指车间内参与物料运输和存储的设备。航空数字化车间的常用物流装备包括运输装备和存储装备，常用运输装备包括 AGV 小车、飞机精准移动装备、吊车和轨道运输装置等，常用存储装备主要是数字化货架。

c）检测装备

检测装备指用于飞机系统性能或部件性能测试的装备，能够实现液压、气压、刹车、座舱显示、气密性等功能的测试。航空数字化车间的常用检测装备包括活动翼面检测装备、线缆检测装备、系统检测装备、IGPS 装备和激光跟踪仪等。

d）辅助装备

辅助装备指辅助实现装备数据采集的设备，用于采集、可视化装配数字化车间的信息，例如采集人员信息的扫码设备、收集车间环境（温度、湿度、亮度等）信息的传感器等装备。

5 功能架构及特征

5.1 功能架构

航空装配数字化车间装备智能化管理的功能架构如图 1 所示。

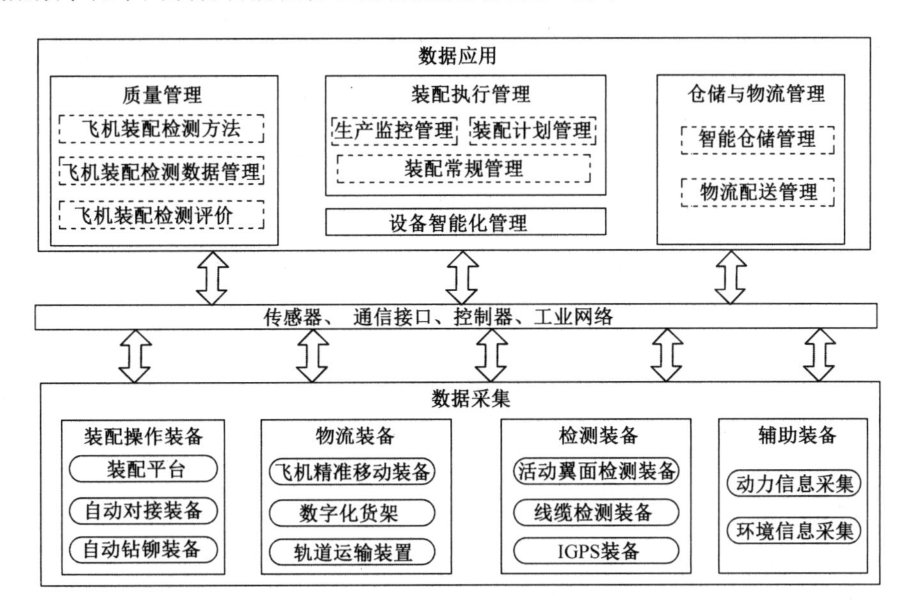

图 1 航空装配数字化车间装备智能化管理的功能架构

5.2 功能特征

航空装配数字化车间装备智能化管理的功能特征包括：

a）应通过数据与装配指令、标准作业指导书、工艺标准等工艺文件的比较，识别航空装配产品装配过程中的设备故障和装配质量问题，改变装备的运行参数。

b）操作人员应通过数据的采集、分析和可视化处理，获取产品装配信息和装配要求，控制装备完成装配操作。

c）应建立设备统计分析模型，识别航空产品装配过程中在设备管理、人机交互管理、生产管理和配送管理等方面存在的问题，为航空装配数字化装备的优化提供基础。

d）应利用数据挖掘技术分析装备大数据，建立装配数字化装备的预测分析模型，对装备、工装、工具的状态和剩余寿命等提供预测。

e）装备智能化管理应支撑设备维修策略、设备维护策略、设备使用方案、工艺方案和产能分析决策的制订。

6 数据采集

6.1 一般要求

航空装配数字化车间的数据采集应满足以下要求：

a）数据采集方式应实现数据的自动采集，手动数据采集可辅助实施。

b）数据自动采集应实现设备接口数据采集和传感器数据采集。

c）数据应完整描述对象，不应缺失数据信息。

d）数据应遵循统一的数据格式规范。

e）数据应准确记录信息，不应存在异常或错误。

f）数据应实时记录信息。

g）数据的量和单位应满足 GB 3100 的要求。

6.2 数据采集内容

6.2.1 基本信息

基本信息的数据内容如表 1 所示。

表 1 基本信息的数据内容

中文名称		英文名称	数据说明
装备代码		Equipment Code	依据设备编码规则制定的装备唯一标识，由字母、符号和数字组成
装备状态		Equipment Status	设备当前时刻可用状态的描述
故障预警	预警信号	Warning Signal	设备故障时触发的声音、文本、图片等形式的信息
	故障类型	Fault Type	设备故障所属类别的描述
	故障参数	Fault Parameters	描述设备故障的机器参数
	故障原因	Failure Cause	导致设备故障因素的描述
	维修措施	Maintenance Measures	针对某类故障类型，设备故障维修应实施的维修活动的描述

6.2.2 装配操作装备信息

装配操作装备应采集的信息如表 2 所示。

表 2 装配操作装备应采集的信息

中文名称		英文名称	数据说明
对接装备	产品坐标	Product Coordinates	产品在装配装备上的六自由度实时坐标，一般表示为（$X,Y,Z,\alpha,\beta,\gamma$）
	平面间隙	Plane Gap	两个平面间的距离
钻铆装备	孔径	Aperture	在物体表面上孔的直径
	旋转速度	Rotating Speed	单位时间内钻头转动的圆周数
	进给速度	Feed Speed	刀具上的基准点沿着刀具轨迹相对于工件移动时的速度
	退刀速度	Withdrawal Speed	刀具上的基准点离开切削区返回原点的速度
精加工铣床	进给量	Feed Rate	刀具上的基准点沿着刀具轨迹相对于工件移动时的距离
	主轴转速	Spindle Speed	单位时间内精加工铣床主轴的转数
装配平台	平面位置	Plane Location	产品在装配平台上的位置坐标
	位移	Displacement	装配平台由初位置到末位置的有向线段
发动机/起落架安装调整装备	产品坐标	Product Coordinates	产品在装配装备上的六自由度实时坐标，一般表示为（$X,Y,Z,\alpha,\beta,\gamma$）
	平面间隙	Plane Gap	发动机/起落架与飞机主体结构间的平面距离

6.2.3 物流装备信息

物流装备应采集的信息如表 3 所示。

表3　物流装备应采集的信息

中文名称		英文名称	数据说明
装备数据	装备位置	Equipment Location	装备在车间的平面位置坐标
	运输速度	Delivery Speed	配送装备单位时间内通过的距离
	能源余量	Available Energy	装配平台运行使用后剩余的电力能源数量
	行驶里程	Mileage	物流装备累计行驶的距离
生产过程数据	配送对象代码	Delivery Object Code	配送对象的唯一标识，一般由字母、符号和数字组成
	起始位置	Initial Location	配送对象初始位置坐标，一般为仓库和装配站位的位置坐标
	当前位置	Current Location	配送对象当前的位置信息，一般为仓库、站位位置或在途位置的坐标
	配送位置	Delivery Location	在途配送对象的目标位置信息
	计划配送时间	Planned Delivery Start Time	生产计划确定的配送对象开始从仓库或站位配送的时间
	计划到达时间	Planned Delivery Arrive Time	配送对象计划到达配送位置的时间
	计划配送用时	Planned Delivery Time	配送对象在途运输的预估用时
	实际配送用时	Actual Delivery Time	配送对象在途运输的实际用时
	实际到达时间	Actual Delivery Arrive Time	配送对象到达配送位置的时间
库位信息	库位代码	Library Code	库位的唯一标识，一般由字母、字符和数字组成
	存储对象代码	Stored Object Code	存储的物料、刀具、量具的唯一标识
	库位位置	Library Location	库位在仓储装备中的位置坐标
	存储对象数量	Stored Object Quantity	仓储中单一存储对象的数量
	库位状态	Library Status	库位实时可用状态的描述
	库位可用空间	Library Available Space	存储同一类物料的剩余可用空间

6.2.4　检测装备信息

检测装备应采集的信息如表4所示。

表4　检测装备应采集的信息

中文名称		英文名称	数据说明
活动翼面检测装备	偏转角度	Deflection Angle	翼面终位移与起始位移的夹角
	偏转时间	Deflection Time	翼面实现偏转角度的运动时间
	产品坐标	Product Coordinates	产品在装配装备上的六自由度实时坐标，一般表示为（$X,Y,Z,\alpha,\beta,\gamma$）
线缆检测装备	电阻	Resistance	导体对电流阻碍作用大小的值
	电流	Current	单位时间内通过导体任一横截面的电量
	电压	Voltage	两点间的电势差
	质量问题类型	Quality Problem Type	质量问题种类的描述
	质量问题位置	Quality Problem Location	不合格线缆中检测数据与标准要求不符合的位置描述
系统检测装备	工艺检验参数	Process parameters	工艺文件中规定的检验参数，包括除冰性能参数、燃油性能参数等
	系统连通信号	System Connected Signal	系统各部分实现连通而产生的声音、文本、图片等信息
	检测时间	Test Time	系统检测持续的时间
	质量问题类型	Quality Problem Type	质量问题种类的描述
	质量问题位置	Quality Problem Location	检测数据与工艺标准要求不符合的系统位置描述

续表

中文名称		英文名称	数据说明
IGPS 装备/激光跟踪仪	产品坐标	Product Coordinates	产品在装配装备上的六自由度实时坐标，一般表示为（$X,Y,Z,\alpha,\beta,\gamma$）
	定位时间	Location Time	使用定位装备定位时的时刻
液压试验装备	液体流量	Liquid Flux	单位时间内通过特定表面的液体的体积
	液压值	Hydraulic	液压装备中液体压力的测量值
气密性检测装备	气体流量	Gas Flux	单位时间内通过特定表面的气体的体积
	时间参数	Time Parameter	气密性检查时刻和所用时间的有关参数
	质量问题位置	Quality Problem Location	检测数据与工艺标准要求不符合的系统位置描述

6.2.5 辅助装备信息

辅助装备应采集的信息如表 5 所示。

表 5 辅助装备应采集的信息

中文名称		英文名称	数据说明
人员类信息	人员代码	Personnel Code	人员的唯一标识，由字母、符号和数字组成
	人员技能	Personnel Skills	人员掌握并能运用的专门技术能力，同一人员可以具备一种或多种技能
	人员工作时间	Personnel Working Time	人员持续工作时间的记录
环境类信息	温度	Temperature	物体冷热的程度，包括设备温度和环境温度
	湿度	Humidity	大气干燥程度
	亮度	Brightness	发光体表面发光强弱程度

7 数据应用

7.1 设备管理

设备管理包括设备状态监测、设备管控和设备状态预测。设备管理数据应用内容如表 6 所示。

表 6 设备管理数据应用内容

应用领域	中文名称	英文名称	数据说明
设备状态监测	产品坐标	Product Coordinates	产品在装配装备上的六自由度实时坐标，一般表示为（$X,Y,Z,\alpha,\beta,\gamma$）
	平面间隙	Plane Gap	两个产品接触平面间的距离
	平面位置	Plane Location	产品在装配平台上的位置坐标
	能源余量	Available Energy	装配平台移动和运行使用后剩余的电力能源数量
	液压值	Hydraulic	液压装备中液体压力的测量值
	位移	Displacement	装配平台由初位置到末位置的有向线段
	定位时间	Location Time	使用定位装备定位时的时刻
设备管控	故障类型统计	Fault Type Statistics	设备故障种类和每种设备故障出现次数的累加值
	故障原因统计	Fault Cause Statistics	导致设备故障的因素种类和每种因素出现次数的累加值
	平均故障修复时间	Mean Time to Failure	在一定周期内，设备故障修复用时的平均值
	平均故障间隔时间	Mean Time Between Failures	在一定周期内，设备两次故障间正常运行时间的平均值
	故障排除及时率	Timely Rate of Failures Shooting	设备在出现故障到处理完成所耗费的时间，占整个事先指定的维修时间的比例
设备状态预测	设备故障预测	Equipment Failure Prediction	设备失效时间、故障类型等内容预测

注：计算过程按 HB 7804 的规定。

7.2 生产过程管理

生产过程管理包括质量监测和质量管控。生产过程管理数据应用内容如表 7 所示。

表 7 生产过程管理数据应用内容

应用领域	中文名称	英文名称	数据说明
质量监测	工艺检验参数	Process Parameters	工艺文件中规定的检验参数，包括除冰性能参数、燃油性能参数、尾翼偏转角度、尾翼偏转时间、线缆电流、气体流量、气压值等
	检测时间	Test Time	系统检测持续的时间长度
	质量问题类型	Quality Problem Type	质量问题种类的描述
	质量问题位置	Quality Problem Location	检测数据与工艺标准要求不符合的系统位置描述
质量管控	一次合格率	First Pass Rate	第一次检查合格总数占检查总数的比例
	废品率	Reject Rate	废品数量在合格品、次品和废品三者总数量中所占的百分比
	返修率	Repair Rate	零件加工完成使用后，在规定时间内出现有需要维修的产品占所有同类同批加工零件的比例

7.3 配送管理

配送管理包括配送状态监测和配送管控。配送管理数据应用内容如表 8 所示。

表 8 配送管理数据应用内容

应用领域	数据名称	英文名称	数据说明
配送状态监测	当前位置	Current Location	配送对象当前的位置信息，一般为仓库、站位位置或在途位置的坐标
	时间	Time	配送对象在当前位置的时刻
	运输速度	Delivery Speed	配送装备单位时间内通过的距离
	能源余量	Available Energy	装配平台移动和运行使用后剩余的电力能源数量
配送管控	配送及时率	Timely Rate of Delivery	在一定时间内准时配送的次数占配送总次数的百分比
	配送准确率	Accuracy Rate of Delivery	在一定时间内准确配送的次数占配送总次数的百分比

7.4 人员管理

人员管理数据应用内容如表 9 所示。

表 9 人员管理数据应用内容

数据名称	英文名称	数据说明
出勤率	Attendance Rate	人员工作时间与工厂计划工作时间的比值
技能等级	Skill Proficiency	人员技能熟练水平的描述，一般包括技能质量和技能效率

成果九

大型船舶焊接数字化车间　通用技术要求

引　言

标准解决的问题：

本标准提出了大型船舶焊接数字化车间（包括：小组立、平面分段、曲面分段）的通用技术要求，并规定了术语和定义、概念及参考模型、设计建设准则及要求，包括总则要求、基础环境要求和功能模块要求。

标准的适用对象：

本标准适用于大型船舶焊接数字化车间的设计、建设、改造和运营。

专项承担研究单位：

中国船舶重工集团公司第七一六研究所。

专项参研联合单位：

机械工业仪器仪表综合技术经济研究所、大连船舶重工集团有限公司。

专项参加起草单位：

哈尔滨工程大学。

专项参研人员：

徐鹏、富威、陈卫彬、李萌萌、廖良闯、刘佳文、耿庆河、闫晓风、王常涛、王麟琨、邓烨峰、王进宁、陈乐、苗玉刚。

大型船舶焊接数字化车间　通用技术要求

1　范围

本标准提出了大型船舶焊接数字化车间（包括：小组立、平面分段、曲面分段）的通用技术要求，并规定了术语和定义、概念及参考模型、设计建设准则及要求，包括总则要求、基础环境要求和功能模块要求。

本标准适用于大型船舶焊接数字化车间的设计、建设、改造和运营。

2　规范性引用文件

下列文件对于本文件的应用是必不可少的。凡是注日期的引用文件，仅注日期的版本适用于本文件。凡是不注日期的引用文件，其最新版本（包括所有的修改单）适用于本文件。

GB/T 3453　数据通信基本型控制规程

GB/T 18725—2008　制造业信息化　技术术语

GB/T 20720.1—2006　企业控制系统集成

GB/T 25486　网络化制造技术术语

GB/T 26790　工业无线网络　WIA 规范

GB/Z 18219—2008　信息技术　数据管理参考模型

JB/T 5066　制造工业自动化　车间生产标准的参考模型

3　术语和定义

3.1

大型船舶焊接数字化车间　large ship welding digital workshop

大型船舶焊接数字化车间是以分段制造车间为基础，以信息技术等为手段，用数据连接船舶分段生产运营过程不同单元，对生产进行规划、管理、诊断和优化，实现船舶分段产品制造的高效率、低成本、高质量。

3.2

船体建造工艺　technology of hull construction

与船体建造有关的钢材预处理、放样、号料、船体零件加工、分段装配、焊接、船台安装、下水等阶段所采用的各种工艺方法和过程的统称。

[GB/T 12924—2008: 4.1]

3.3

平面分段 flat section

由平直的板列与相应的骨材装配组合而成的船体分段。

[GB/T 12924—2008: 2.3.7]

3.4

曲面分段 curved section

由曲面板列与相应的骨架所组成的单层结构的船体分段。

[GB/T 12924—2008: 2.3.8]

3.5

船体装配 hull assembly

将加工好的船体零件按规定的技术要求组装成部件、分段、总段及完整船体的工艺过程。

[GB/T 12924—2008: 2.3.1]

4 缩略语

API：	应用程序编程接口	（Application Programming Interface）
BOM：	物料清单	（Bill of Materials）
CAD：	计算机辅助设计	（Computer Aided Design）
CAM：	计算机辅助制造	（Computer Aided Manufacturing）
CAPP：	计算机辅助工艺过程设计	（Computer Aided Process Planning）
COM：	组件对象模型	（Component Object Model）
DBMS：	数据库管理系统	（Database Management System）
DCOM：	分布式组件对象模型	（Microsoft Distributed Component Object Model）
ERP：	企业资源计划	（Enterprise Resource Planning）
ESB：	企业服务总线	（Enterprise Service Bus）
MES：	制造执行系统	（Manufacturing Execution System）
OA：	办公自动化	（Office Automation）
OPC：	用于过程控制的 OLE	（OLE for Process Control）
PC：	个人计算机	（Personal Computer）
PDM：	产品数据管理	（Product Data Management）
PLC：	可编程逻辑控制器	（Programmable Logic Controller）
RFID：	无线射频识别	（Radio Frequency Identification）
SCADA：	数据采集与监视控制系统	（Supervisory Control and Data Acquisition）
SOA：	面向服务的架构	（Service-Oriented Architecture）
SPC：	统计过程控制	（Statistical Process Control）
USB：	通用串行总线	（Universal Serial Bus）
WIA：	工业无线网络	（Wireless Networks for Industrial Automation）
W/P：	工作包	（Work Package）
W/O：	工作指令	（Work Order）

5 总则要求

5.1 大型船舶的范围

参照船舶用途划分，大型船舶的定义可参见表 1。

表 1 大型船舶定义参考表

序号	船舶种类	大型船舶定义的排水量
1	客船	≥1 万吨
2	货船	≥4 万吨
3	油船	≥6 万吨
4	集装箱船	≥3000TEU
5	拖、推、驳船	≥1 万吨
6	工程船舶	≥2 万吨
7	军用船舶	≥0.7 万吨
8	特种船舶	≥2 万吨

5.2 大型船舶焊接数字化车间体系结构

大型船舶焊接数字化车间体系结构包括车间执行层、控制层、设备层，如图 1 所示。

车间执行层是大型船舶焊接数字化车间总体框架的核心层，主要包括车间生产计划与执行、工艺管理、质量控制、生产物流管理、车间设备管理、成本管理等功能模块。船企可根据自身业务进行增减。通过执行层，从上层系统（ERP）接收船舶分段的生产计划，经过分解处理后，向下层系统（控制层）发出生产指令及工艺技术文件；与此同时，从下层系统接收生产现场的实时生产进度、物料、质量和设备信息等数据，对实时数据进行及时的加工和处理，并向上层系统反馈生产计划的执行结果，实现焊接车间生产计划、物料、质量、工艺技术文件和制造资源的数字化有效管理和制造过程监控。

控制层实现设备联网、数据采集与监控、焊机管控，具备二次开发的工具和中间件，为系统二次开发扩展时的需求分析、系统设计、系统编码、系统测试以及系统部署等不同阶段提供工具和环境支撑。数据采集和信息交互平台由各种数据采集工具和方法组成，一方面各种工具采集的生产现场信息可以经 PC、工控机或者多功能信息交互终端处理后上传到数字化制造系统的服务器；另一方面各种需要执行的生产信息也可以通过该平台下达到生产现场或者生产现场的加工设备。

设备层主要包括制造设备、物流设备、检测设备及辅助设备，设备层采用工业网络实现其统一联网。

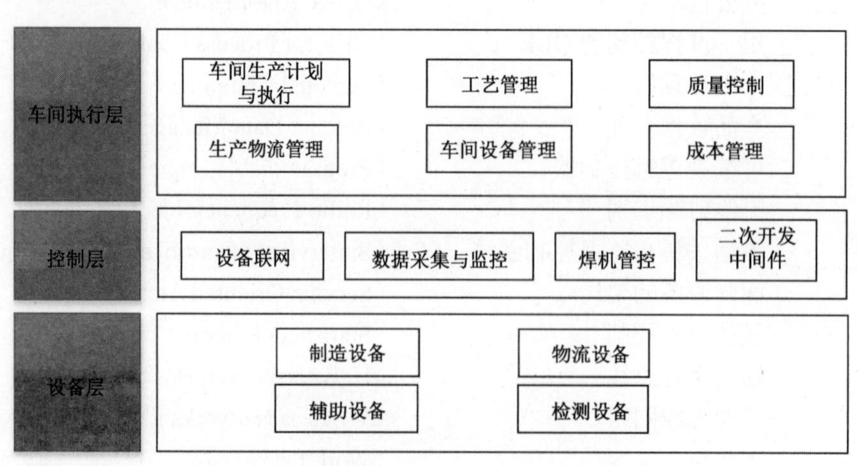

图 1 大型船舶焊接数字化车间体系结构

5.3　技术特征

5.3.1　数字化要素

船舶焊接车间制造数字化是以数据处理、图形图像、虚拟现实、数据库、网络通信、数字控制等数字化技术为基础，将数字化技术应用于船舶产品的制造、管理、经营和决策的全过程。主要体现在：

a）物料来源单位需要提供物料配送清单并附条码标签，物料到货时通过采集器扫描，进行数据收集，实时掌握来料情况，结合从设计系统中获取的物料 BOM 清单和物料来源单位出具的物料编码信息，以及舾装件清单，自动统计来料缺料信息，及时反馈给相关部门。

b）耗材（焊丝盘箱、砂轮片、打磨头、三角形陶瓷衬垫、方形陶瓷衬垫、圆形炭棒、方形炭棒和焊条等）规格尺寸和消耗量信息可以有效识别。

c）生产人员信息应可以进行采集和管理，包括人员基本信息、工单分配、工时统计等。

d）系统集成数字化。利用计算机和网络技术、数据库技术、信息交换和集成技术，建立统一的基础集成平台，实现上下系统的应用集成和资源的一体化管理。

5.3.2　互联互通

船舶的设计建造过程是一个动态系统，包含着一系列相互关联的业务过程，所处理的信息之间存在着复杂的传递、包含、生成、约束等关系。从业务流程的纵向来看，上道业务生成的信息往往是下道业务所依据的信息，下道业务产生的信息又往往反馈到上道业务中；从横向来看，不同业务之间还存在着复杂的信息联系，是一个多系统的、异构平台的、具有复杂关联的动态环境。

a）保持信息流的通畅性。信息能够顺畅从一个信息系统流向另一个信息系统，如排产计划信息在 MES 与 ERP 之间，焊接过程信息在数据采集系统与 MES 之间。

b）保证信息的一致性。同一个信息对象在不同系统中的一致性，信息对象一旦变更，应实时反映到相关的系统中。

c）保证异构平台的互操作性。基于不同的开发平台开发的软件系统，如采用不同的数据库管理系统、操作系统、开发语言等，这些系统需要在同一个应用环境下执行，且需要交换信息、相互调用，要求提供异构平台下的互操作能力。

d）信息集成平台包括信息、功能和应用的集成。集成方式有基于标准的信息接口、系统的 API 调用、中间件，以及面向服务的集成架构。还可以提供应用编程接口和应用集成接口，提供信息访问服务，以一种统一的方式实现对数据的访问。

e）保证信息互联的安全性。通过集成平台进行船企信息的整合、系统的整合和应用的整合，实现不同用户、不同系统的阶层可控。

5.3.3　数据采集系统

数据采集系统的功能就是在计划、工单、物料单等信息的支持下，收集生产过程中的各种数据，同时对这些数据进行存储和处理，形成生产实时信息和生产过程信息，这个过程是由计算机系统和人来完成。

大型船舶焊接数字化车间主要有以下几类采集对象：

a）工单数据。采集与工单相关的数据，包括工单基本信息、派发信息、执行信息和调整信息。

b）设备运行数据。对设备的开关机状态、报警信息、工作参数进行采集。通过采集设备的运行状态，掌握设备整体运行状态和设备利用率，制订维修保养计划。对于车间故障率高或待维修的设备，生产调度员可有选择性地避开对其进行生产计划的安排。

c）设备状态数据。设备运行状态的数据采集，如焊机的焊接电压、焊接电流、运行状态，又如机器人正在运行的程序信息、当前坐标信息、加工次数、报警信息等。

d）物料数据。采集与物料相关的数据。

e）人员数据。采集与人员相关的数据，包括人员基本信息、人员的出勤情况、人员的工作状况。

f）辅助数据。采集与系统相关的其他数据，包括使用的制造信息、相关工艺信息、工作日历信息。

6 基础环境要求

6.1 互联要求

大型船舶分段焊接数字化车间内焊接设备、PLC、查询机以及其他自动化设备，在车间层级建立工业控制系统网络，使用内部交换网络将车间自动化设备联网，使控制系统能够通过现场 PLC 采集和汇总车间设备运行状态信息，实现对车间多台设备进行联网。

对车间现场的各种自动化设备采用总线模式，利用异构网络中间件实现统一接口标准，实现车间设备的统一联网管理。如图 2 所示为船舶焊接数字化车间参考网络架构图。

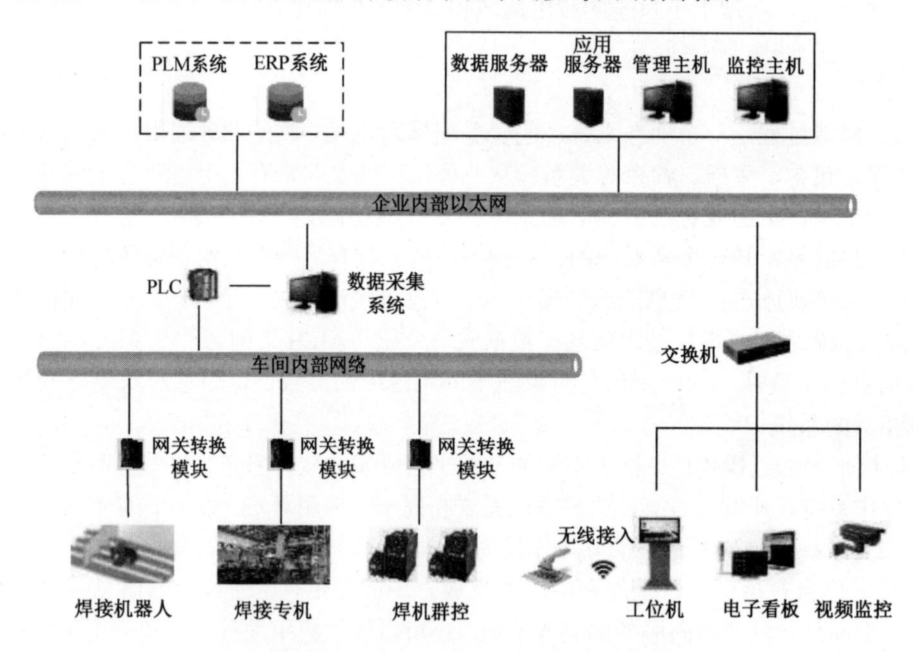

图 2　船舶焊接数字化车间参考网络架构图

6.2 互通要求

大型船舶焊接数字化车间互通要求规定了将一种数据库系统中定义的模型转化为另一种数据库中的模型，然后根据需要再装入数据的可用方法。

数据信息不但要包括数字化的控制信息，也包括了与 SCADA、MES 等进行交互的管理、维护的相关信息。产品信息模型需要从信息资源规划和企业应用集成的角度，支持整个研发、生产、运行、维护全生命周期。信息的模型（即信息的格式、流向、接口等）实现互操作；原有的底层数据则是实现数字化，提供其传输的数据方式。

系统与系统、系统与设备、设备与设备之间能够传送完整的信息，数据互通是通过信息集成平台实现的，信息集成平台提供信息集成和应用集成的一个软件框架环境。可采用 SOA（面向服务的架构）并通过 ESB（企业服务总线）满足集成要求，如图 3 所示。信息集成平台应具有以下功能：

a）采用开放的软件架构，通过 Web 服务技术支持异构平台（不同的操作系统、不同的数据库）系统间的信息访问。

b）建立企业的产品信息模型、资源信息模型和生产管理过程信息模型，并基于统一的信息模型建立信息的映射，在平台内建立统一信息模型与各应用系统的信息视图间的信息变换，实现对平台下各信息系统中的信息的访问。对于系统间需要传递的关键数据提供基于标准的信息转换。

c）通过平台的信息门户，不同应用系统间相关的信息可以整合在同一个用户界面上呈现，实现对信息综合访问的要求。

d）信息集成平台提供多种集成方式，包括基于标准的信息接口、系统的 API 调用、中间件，以及面向服务的集成架构。

e）具有应用编程接口和应用集成接口；提供透明的信息访问服务，以统一的方式实现对数据的访问。

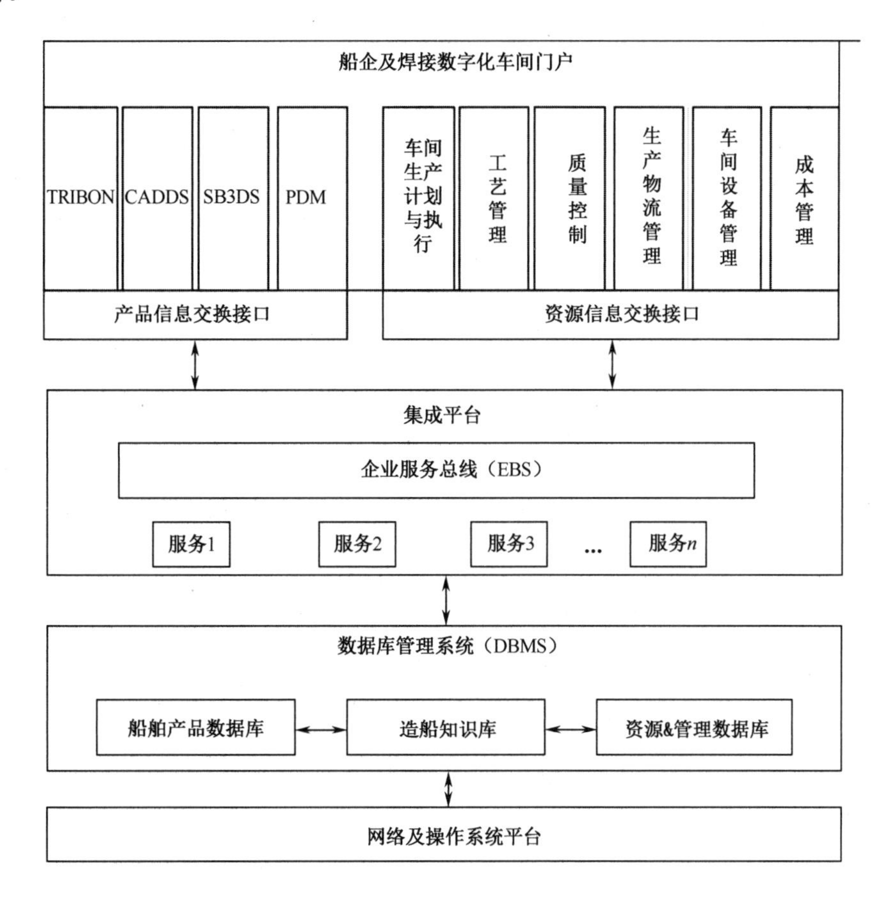

图 3 船企及焊接数字化车间信息集成框架图

6.3 数据字典

大型船舶焊接数字化车间主要有生产计划调度信息、生产工艺信息、检验与质量信息、物流与仓储信息、设备状态信息、成本工时信息等。

6.3.1 生产计划调度信息

大型船舶焊接数字化车间生产计划调度信息主要分为加工目标信息、日程计划信息、加工能力信息、加工进度信息，详情可参见表 2。

表 2　大型船舶焊接数字化车间生产计划调度信息表

名称	来源	语义
加工目标信息	车间生产计划与执行	根据交货期、车间设备情况、人员工作情况等确定本月生产目标
日程计划信息	车间生产计划与执行	以焊接工序为关键工序，按生产线日焊接设备的定额能力安排生产任务，再根据其他工序的标准加工周期形成完整的生产作业计划
加工能力信息	车间生产计划与执行	采集车间内各设备的实际加工工效及工作人员预估工作时间等信息
加工进度信息	车间生产计划与执行	采集车间或班组每日生产计划进度信息

6.3.2　生产工艺信息

大型船舶焊接数字化车间生产工艺信息主要分为几何信息、物理信息、管理信息、焊接工艺信息和装配工艺信息，详情可参见表 3。

表 3　大型船舶焊接数字化车间生产工艺信息表

名称	来源	语义
几何信息	工艺管理	采集工件的外形、开孔、板厚、尺寸、位置等信息
物理信息	工艺管理	采集工件的材料品种、重量、重心等信息
管理信息	工艺管理	采集工件与产品对象相关的图纸、技术文档、版本等信息
焊接工艺信息	工艺管理	采集工件的焊接工艺、资源、约束、技术条件等信息
装配工艺信息	工艺管理	采集工件装配的次序、方法、占用的资源、要求的技术条件等信息

6.3.3　检验与质量信息

大型船舶焊接数字化车间检验与质量信息主要分为质量检验计划信息、质量检验执行信息和质量检验记录信息，详情可参见表 4。

表 4　大型船舶焊接数字化车间检验与质量信息表

名称	来源	语义
质量检验计划信息	质量控制	以生产计划为基础，根据工艺路线情况在相应工序制定质量检验要求
质量检验执行信息	质量控制	根据生产实际情况，采集质量检验计划的执行情况信息，如完成进度、检验耗时等信息
质量检验记录信息	质量控制	包含订单号、检验单号、检验人、检验时间、检验指标与要求、检验结果

6.3.4　物流与仓储信息

大型船舶焊接数字化车间物流与仓储信息主要分为物料出入库信息和库存管理信息，详情可参见表 5。

表 5　大型船舶焊接数字化车间物流与仓储信息表

名称	来源	语义
物料出入库信息	生产物流管理	包含出入库任务编号、仓库名称、经办人与经办时间、物料编号、名称、规格型号、批次号、库位名称、数量、计量单位等信息
库存管理信息	生产物流管理	包含库存物料的种类、数量、存放位置等信息

6.3.5　设备状态信息

大型船舶焊接数字化车间设备状态信息主要分为制造设备信息和设备维护信息，详情可参见表 6。

表 6　大型船舶焊接数字化车间设备状态信息表

名称	来源	语义
制造设备信息	车间设备管理	设备型号、出厂日期、产品号、主要参数等
设备维护信息	车间设备管理	焊接时间、工作时间、设备使用率等，对照保养维修规定时间，到期提醒维护保养

6.3.6　成本工时信息

大型船舶焊接数字化车间成本工时信息主要分为加工成本信息和工时信息，详情可参见表 7。

表 7　大型船舶焊接数字化车间成本工时信息表

名称	来源	语义
加工成本信息	成本管理	采集车间内各耗材的消耗量及工作人员的实际工作时间信息
工时信息	成本管理	对已完工的加工工件的实际加工时间、工作人员工时、人员工资进行统计

6.4　信息安全

大型船舶焊接数字化车间信息系统安全技术应包括系统总体安全体系、系统安全标准、系统安全协议和系统安全策略等。

7　车间设备要求

大型船舶焊接数字化车间设备主要包含制造设备、物流设备、检测设备和辅助设备。

7.1　制造设备

大型船舶焊接数字化车间制造设备一般应包含焊接机器人（如小组立焊接工作站、舱室多功能焊接工作站等）、专用焊接设备（如拼板焊接设备、纵骨自动焊接设备等）和辅助设备。制造设备完成车间内零部件、组立的焊接加工工作。

7.1.1　通用要求

大型船舶焊接数字化车间制造设备的一般通用要求如下：

a）具备完善的档案信息，包括编号、模型及参数的数字化描述。

b）具备通信接口，能够与其他设备、装置以及执行层实现信息互通，能够实时显示设备的工作参数，能够根据工作人员要求更改工作运行参数。

c）能向执行层提供制造的活动反馈信息，包括产品的加工信息、设备的状态信息及故障信息等，能够记录、上传焊接过程中电流、电压、送丝速度、气体流量等信号信息。

d）能够实时监控设备自身运行状态，具备数据分析处理能力，并能对错误状态进行报警。

7.1.2　焊接机器人要求

焊接机器人的要求如下：

a）具备碰撞检测功能。

b）具备故障报警及复位功能。

c）宜具备三维场景重建功能，能根据扫描确定工件信息。

d）宜具备离线编程功能，能够通过导入图纸确定工件信息，并自动生成焊缝程序。

e）宜具备焊缝自动寻位功能，如接触寻位、激光寻位等功能。

7.2 物流设备

物流设备包含起重设备、辊道、平板车等，具备声光报警以及紧急制动等功能。

7.3 检测设备

大型船舶焊接数字化车间检测设备的主要作用是对工件的加工过程相关数据实时监测，并对加工完成后的工件质量进行检测。

大型船舶焊接数字化车间检测设备一般通用要求如下：

a）能将采集的数据信息传递到上位机，通过上位机进行数据分析。

b）具备 USB、以太网等通信接口，支持数据存储及导出。

c）宜具备检测数据、报告的显示看板。

d）焊接过程监测设备最好能够感知焊枪与焊缝、焊枪焊极与熔池中心线的相对位置。

e）焊接过程监测设备最好能够监测熔池与电弧的形态变化。

7.4 辅助设备

大型船舶焊接数字化车间辅助设备主要包含现场终端和车间看板。

7.4.1 现场终端要求

a）能实时查询工作人员的考勤信息和每日待加工任务及完成进度情况。

b）能实时查询工作人员的标准工时、实动工时、消耗材料和计件工资等信息。

c）能实时查询待加工件的图纸和工艺文件，同时可由工作人员对缺料、少图、设计失误等问题进行手动报错反馈。

7.4.2 车间看板要求

a）能显示车间里生产计划、任务执行信息、设备运行状态、物料消耗信息、成本工时、环境状态等信息。

b）可在各类查看信息之间快速切换显示。

8 功能要求

8.1 概述

本部分主要规定了大型船舶焊接数字化车间的生产执行系统功能模块，包括车间生产计划与执行、工艺管理、质量控制、生产物流、车间设备管理、成本管理六个主要功能模块。

大型船舶焊接数字化车间生产执行系统主要功能如下：车间生产计划与执行模块实现车间生产计划的管理；工艺管理模块实现工艺数据库管理、焊接工艺执行和焊接工艺可视化；质量控制模块实现质量检验计划、质量检验执行、质量检验记录；车间设备管理模块完成对设备基本信息、使用信息及维保信息的全过程管理；生产物流管理模块主要包括出入库过程管理、库存管理、出入库记录与查询三部分；成本管理模块实现成本分析、成本控制、成本核算。生产执行系统将设备、人力、物料、过程统一为生产资源来管理，通过信息的传递，将工件从开始加工到完成的整个生产过程进行优化管理，同时通过收集和处理生产过程中大量的实时数据和事件对焊接车间的生产活动做出指导、响应和报告。

大型船舶焊接数字化车间应该能够通过传感器和输入设备实时掌握车间生产的各种信息，对信息进行储存、分析和决策；生产设备能够提供人机交互的界面，与设计、管理人员进行交流，提供人为干涉的接口；环境数据监测与焊机设备状态监测中采用各种传感器对车间环境进行数据采集、监测，并对数据进行存储，可供查询；现场工位机进行任务完工报工录入、报检与问题反馈等。图 4 为大型船舶焊接数字化车间功能模型信息图。

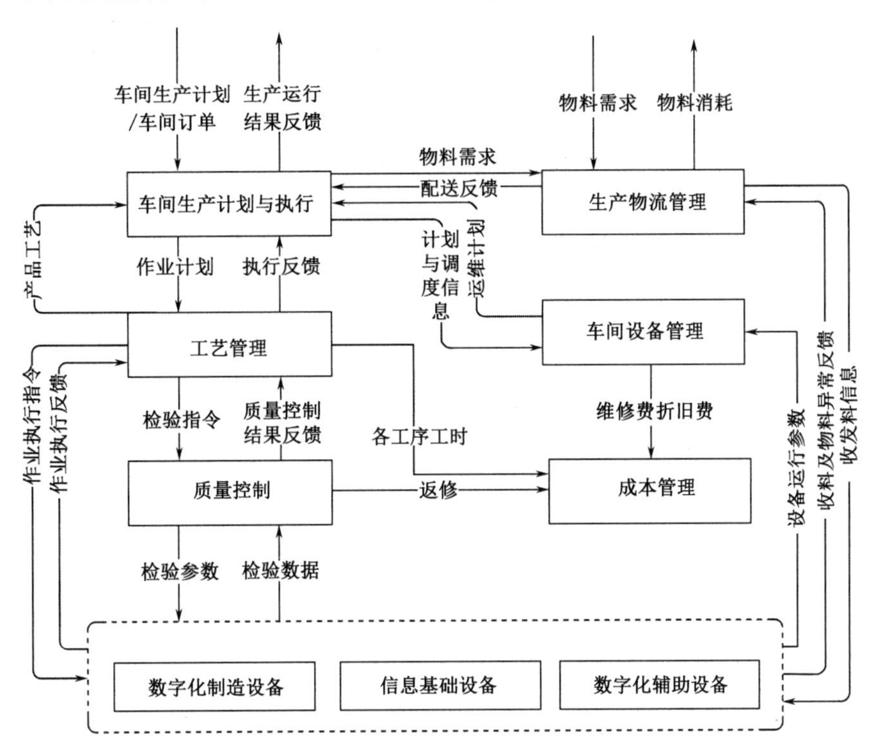

图 4 大型船舶焊接数字化车间功能模型信息图

在以上功能模型中，需要车间上级部门提供基础类的数据及系统集成支持。大型船舶焊接数字化车间需要有基础及标准类数据的支撑，一般包括涉及标准号船、计划类型、各类 BOM、作业区域等基础标准数据，这些数据一般在 ERP、CAPP、PDM 等系统中。

a）根据车间产品合同、建造场地、资源分配等信息，在系统中编制焊接计划，为各焊接部件安排生产周期等信息。

b）根据船舶产品的主要参数，特点、工艺等要求，确定各类焊接产品工序划分等信息，进行信息录入和修改。

c）对船舶产品在系统中编制日程计划以确定焊接部件生产进度。

d）根据生产计划进度要求，在系统中将焊接图纸设计信息进行编制和下发。

8.2 车间生产计划与执行

8.2.1 关键要素

一般具备如下关键要素：

a）根据从集团导入的生产计划数据，逐层分解形成月、周、日生产计划，日计划在派工单基础上再进行分解成以工位进行派工。

b）支持生产计划的变更，并能实时进行新的编排，根据调试日期、项目、机械设备、零件重要度信息、工艺及工时信息、设备资源和设备工作时间约束信息，形成排产计划。

c）可动态实时查询要生产的任务号和各个待加工零件的各阶段的状态信息，如物料采购日、计划到货日、实际到货日（或下料日期）、出库日期、工艺制订状态及详细工艺、设计图纸查看等综合信息，以决定是否加入生产调度计划。

d）可以人为干预和修改调度排产结果。

e）系统自动对已超过工期和可能超过工期的工序任务进行报警提醒。

f）可实时动态查询某个任务号，以及所有加工零件、各工序任务的加工进度完成信息和检验信息。

g）可查看实际加工工时和预估加工工时，可对加工人员的加工工时进行统计。

8.2.2 功能模型

大型船舶焊接数字化车间通过实时的数据采集来实现生产过程的实时监控，通过详细的生产过程记录来帮助实现产品追溯。根据需要实现的车间管理功能和企业的车间业务过程，应包括生产排程、生产调度、生产执行与控制、生产追踪与统计四个模块。如图5为其车间计划与执行功能模型。

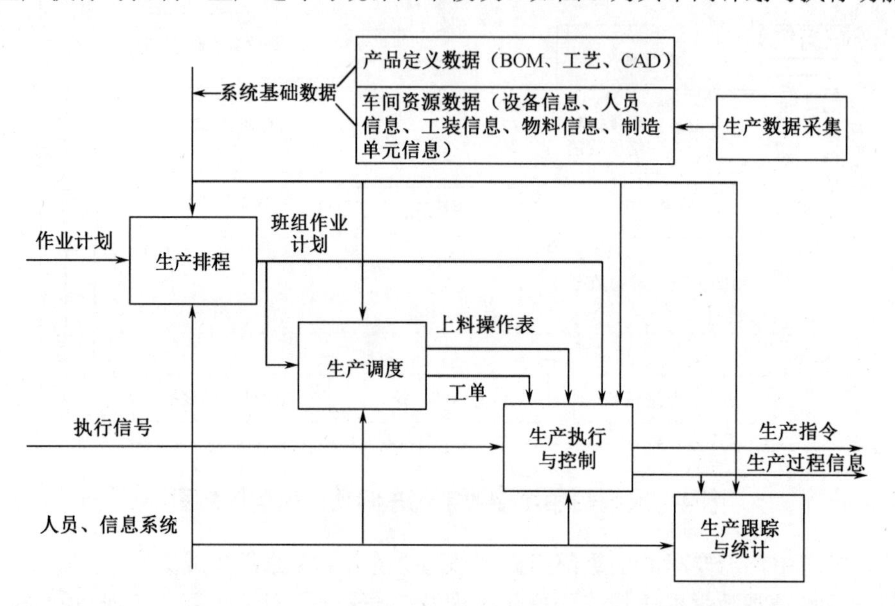

图5 大型船舶焊接数字化车间计划与执行功能模型

8.2.3 功能要求

8.2.3.1 生产排程

根据大型船舶数字化焊接车间技术数据、需求计划，确认本月加工的船只和批量；根据交货期确定生产加工优先级；以焊接工序为关键工序按生产线日焊接设备的定额能力安排生产任务，再根据其他工序的标准加工周期形成完整的生产作业计划。生产计划员可以对系统生成的生产计划进行调整。如图6为大型船舶焊接数字化车间计划排产流程。

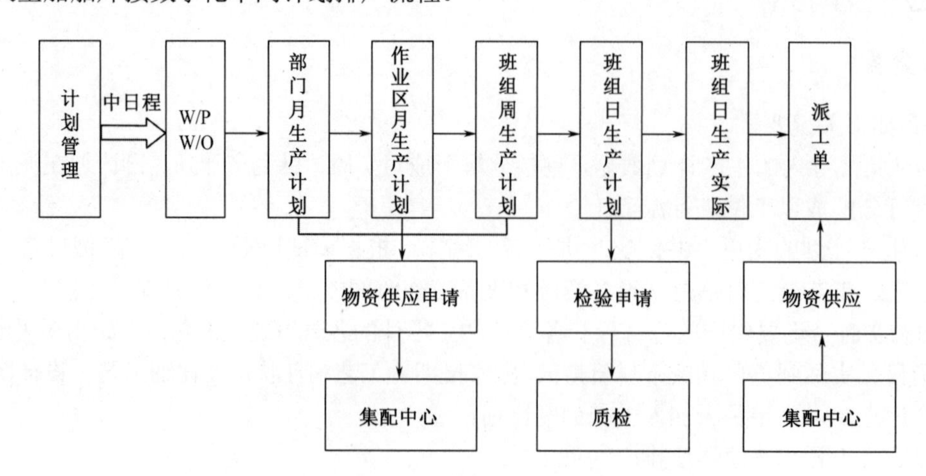

图6 大型船舶焊接数字化车间计划排产流程

8.2.3.2　生产调度

车间调度管理功能模块通过考虑加工时间、加工费用以及负荷平衡等因素，将车间作业合理地安排到各可用设备，优化作业的加工次序和加工开始时间。

8.2.3.3　生产执行与控制

生产执行能够记录整个生产过程相关生产数据和相关活动的一系列活动集合，对生产过程中出现异常情况及时做出反应。

8.2.3.4　生产跟踪与统计

生产跟踪与统计包括产品追溯和生产统计。

a）产品追溯是指通过产品特定的标识和记录，来反映产品的来源以及形成过程的历史等情况。

b）生产统计就是针对每个工作日或者每个时间段的工作总结，包括车间工时统计、指标计算等；生产统计是次日生产计划安排或者生产调度的依据。

8.3　工艺管理

8.3.1　关键要素

工艺管理主要实现船体各阶段的焊接设计。焊接工艺管理主要包括焊接工艺数据库、焊接工艺执行和焊接工艺可视化三个方面。

a）焊接工艺数据库：将工艺文件以数字化的格式进行存储、使用和管理，实现大型船舶焊接数字化车间焊接工艺的无纸化。

b）焊接工艺执行：借助大型船舶焊接数字化车间的网络结构和焊接工艺数据库，实现焊接工艺在焊接车间内的网络化传输。

c）焊接工艺可视化：借助可视化技术，实现焊接工艺流程、焊接质量、焊接技术要求等的可视化。

8.3.2　功能要求

a）焊接工艺文件获取与存储：能够读入所需的焊接工艺文件，读入接口应具备读入各种信息形式及常用文件格式的功能，并对读入的文件进行存储。

b）文件在车间的传输与接收查看：工艺文件跟随制定的生产计划进行下发，执行对应生产计划的人员可接收并查看相关工艺资料。

8.4　质量控制

8.4.1　关键要素

8.4.1.1　质量管理系统

质量管理以生产计划为基础，针对具体工艺路线进行相关工序的质量检验要求设定，在实际生产过程中完成各阶段质量要求，并完成质量检验过程记录。

8.4.1.2　质量管理范围

焊接车间质量管理主要包括半成品/中间产品、成品的质量管理，最终形成完整、详细的产品质量谱系，实现各个生产节点的向前、向后双向质量追溯。

8.4.2 功能模型

质量控制以生产计划为基础制订质量计划，在实际生产过程中完成各阶段质量计划的实施，并对质量计划实施情况进行全过程监控，进而实现分析与预警。大型船舶焊接数字化车间质量控制功能模型如图 7 所示。

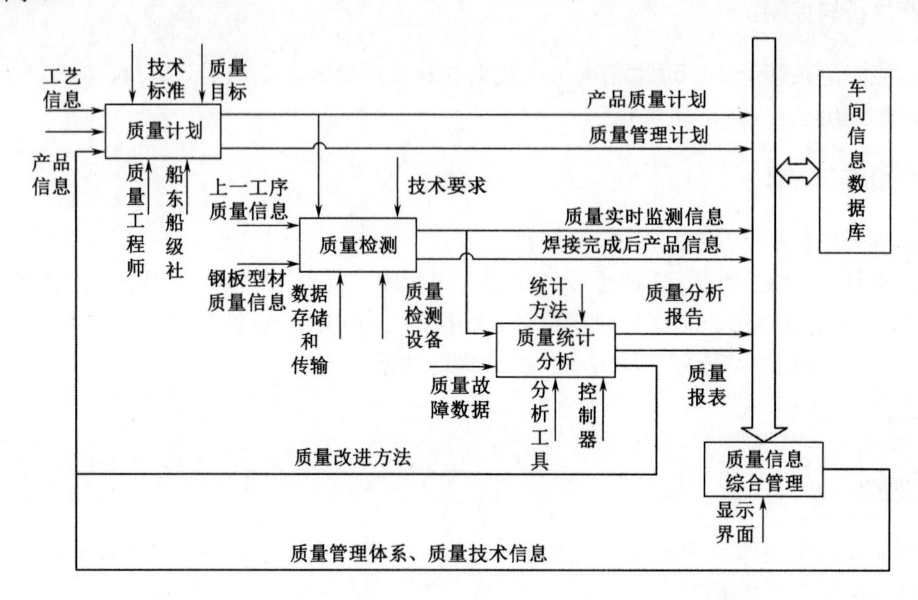

图 7　大型船舶焊接数字化车间质量控制功能模型

8.4.3 功能要求

8.4.3.1 质量计划

以生产计划为基础，生成各生产环节的生产质量控制计划。

a）分段检验进度管理：实时监控各分段生产进度和质量检验完成情况，宜采用多种图表展现，支持查询和数据导出。

b）质量检验计划及派工：根据分段的实际生产进度和检验申请，结合检验人员工作负荷情况，生成检验计划，进行人员派工。

8.4.3.2 质量检测

根据生产实际情况，对中间产品的各生产环节质量进行自检、互检、专检、报验等，并进行信息收集、整理，形成检验报表，其内容应包括工位号、焊机编号、产品编号、质量检验项目、检验标准与检验结果等。

a）焊接过程检测：

1）基于实时数据库的独立指标监控。主要用于独立质量指标（如焊机电流、焊接速度）的原始数据监控，通过设定指标参数的报警界限，对超出界限的数据及时报警，实时显示在智能终端上。

2）基于视觉的质量监控。利用视觉检测设备和小范围视觉方法直接摄取近弧区（电弧、熔池及附近区域）的图像、有关接头中心位置、焊接熔池和电极与焊件相对位置等信息。

b）焊接结果的检测：焊接完成后，进行外观检查和无损检查。

c）焊接结果分析与处理：分析监测得到的信息，对焊缝中的实际缺陷（如气孔、未焊透、裂纹）进行定性评价。

8.4.3.3 质量统计分析

将现场船舶分段检测点的测量数据直接导入设计数据库中，从而对设计的各种工艺参数进行优化和数据分析，给设计人员提供直观可靠的设计依据。

a）质量预警管理：对质量缺陷数据进行汇总、统计、分析，形成质量缺陷统计图表，为下一段生产提供质量预警提醒，并将提醒推送至对应人员，为降低产品质量缺陷率提供依据。

b）质量指标考核管理：根据设置条件，对质检数据汇总统计，生成一次报检合格率报表，完成对船只、车间、班组的质量指标的考核。

c）质量统计报表：实现质量日报、月报、考核评分、奖惩等数据统计，以图表展示。

8.5 生产物流

生产物流主要包括出入库过程管理、库存管理、出入库记录与查询三部分。

a）物料出入库过程管理：能够进行出入库操作任务的添加、任务基本信息录入与出入库明细的编辑，具备出入库操作任务查询、修改与确认功能。

b）库存管理：能够对出入库后的物料进行统计，支持当前库存物料数量的查看；对库存盘点后可能出现的库存盘盈、盘亏情况进行处理，针对实际库存量大于库存记录数量的物料进行盘盈入库操作；对库存中不在安全库存范围内的物料进行库存异常预警。

c）出入库记录与查询：对出入库操作过程进行记录，能够对一段时间内的出入库情况进行查询。

8.6 车间设备管理

8.6.1 关键要素

车间设备管理主要完成对设备基本信息、使用信息及维保信息的全过程管理。

a）基本信息管理：系统提供设备基本档案信息的日常维护管理功能，包括设备基本信息录入、修改、查询功能。

b）设备使用管理：系统提供设备日常使用记录的录入、修改、查询功能。

c）保养维修管理：系统提供设备维修保养记录的录入、修改、查询功能，并能对到期维修保养设备给出提醒。

d）设备信息统计：按照设备类别对设备的基本信息、使用情况及维修保养信息进行统计分析，能输出图表形式。

8.6.2 功能要求

设备管理子系统主要功能要求有：

a）设备基本信息管理：能够进行新增设备基本信息（如所属工厂、车间、区域、设备编码、设备名称、关联设备情况、设备规格型号、设备购置与添加时间、资产负责人、资产原值与折旧情况、生产商与供应商等信息）定义、修改和查询功能。

b）设备使用情况管理：显示设备目前使用状态，辅助生产调度人员在生产排程中进行生产设备分配，并对设备一段时间内的工作时间进行统计，查看设备的忙闲状态，为生产排程中提高设备利用率提供参考。

c）设备维修情况管理：具备车间设备维护计划（设定维护类别、维护级别、保养单位、维护项与维护标准、维护载体等）制订、修改与查询功能，能够进行待维护设备的维护状态执行与控制，具备开始维护、结束、延迟及停用等状态的设定。

8.7 成本管理

车间成本管理是指针对车间在日常生产经营过程中各个环节所发生的各项费用，对其进行计划、预测、决策、控制、分析、核算、考核等管理工作。

8.7.1 关键要素

大型船舶焊接数字化车间成本管理的对象是车间生产经营活动中产生的各项费用，总成本由生产成本与业务成本构成，如图 8 所示。

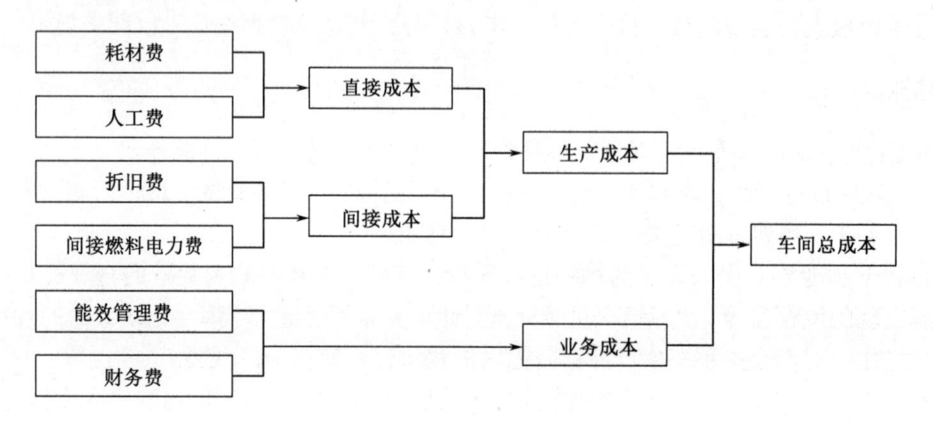

图 8　车间生产成本构成

8.7.2 功能要求

8.7.2.1 成本控制

成本形成过程中对各项生产作业活动进行指导、限制和监督，以及时发现偏差，采取纠正措施，使各项具体的和全部的生产耗费被控制在规定的范围之内，并不断降低成本，以保证实现既定的成本目标。

8.7.2.2 成本核算

大型船舶焊接数字化车间成本管理目前主要包括耗材和工时统计。能够及时、准确地计算车间实际成本，划分在制产品成本和完工产品成本。

a）计件工资及实绩反馈：班组长每日对组内作业人员的计件工资进行日结，并同时在系统内反馈实动工时、消耗材料等数据。

b）成本核算：根据导入各分段的实际产值、预估值，结合计件工资数据，以日为单位生成各车间、班组的结算报表。

c）工时管理：根据各分段的实动工时历史记录，以加权平均等方法自动生成分段的标准作业工时，应提供手工编辑修改功能。

附录 A

（资料性附录）

水密补板焊接工位参考架构

以水密补板焊接工位为例，从生产过程、功能结构、车间资源、组织架构与信息系统五个方面进行描述。

A.1 生产过程

平面分段水密补板焊接工位生产过程如图 A.1 所示。

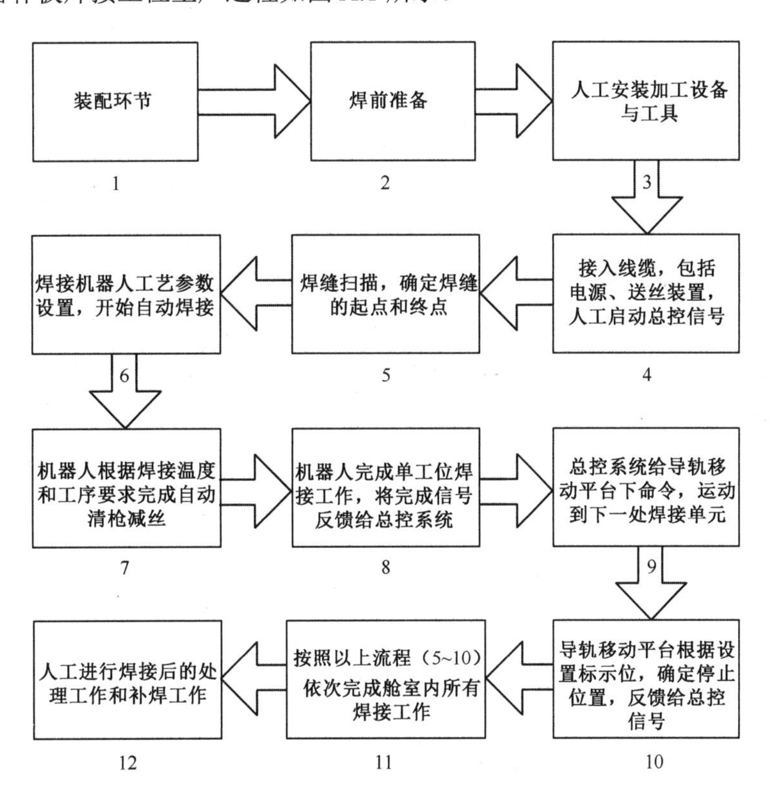

图 A.1 平面分段水密补板焊接工位生产过程

A.2 功能结构

平面分段水密补板焊接工位功能结构如图 A.2 所示。

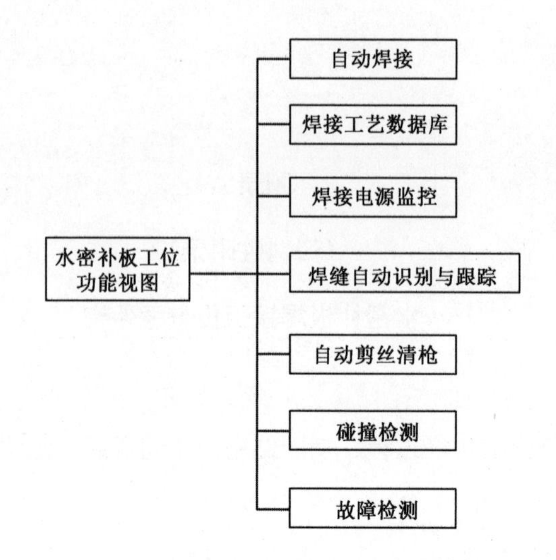

图 A.2　平面分段水密补板焊接工位功能结构

A. 3　车间资源

平面分段水密补板焊接工位车间资源如图 A.3 所示。

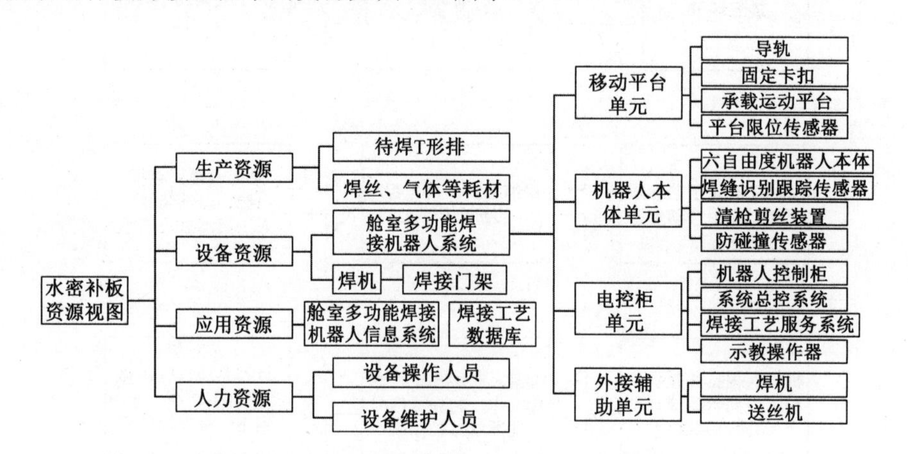

图 A.3　平面分段水密补板焊接工位车间资源

A.4　组织架构

平面分段水密补板焊接工位组织架构如图 A.4 所示，说明如下：

a）设备操作人员：负责调试系统，并操作焊接系统进行水密补板焊接。

b）设备维护人员：协助负责调试系统，并维修相关设备。

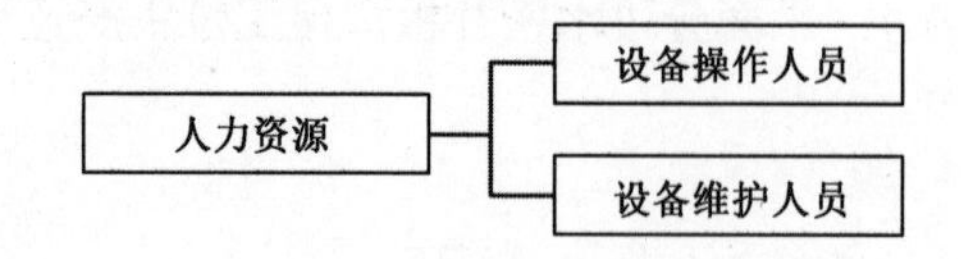

图 A.4　平面分段水密补板焊接工位组织架构

A.5　信息系统

水密补板焊接工位各模块的信息实体、属性描述，以及信息与信息之间的流向关系如表 A.1～A.6 所示。

表 A.1 平台控制运动模块基本信息表

名称	平台运动控制模块
使用者	设备操作人员
基本功能描述	控制机器人在导轨上自主运动，进入到各个分段焊接部位；平台在某一位置上可以自锁
信息属性描述	平台运动控制模块提供移动平台的运动数据，给用户显示移动平台的当前状态，同时提供平台的运动控制信息
上游硬件及输入信号	位置检测传感器、激光点测距传感器与限位传感器等。移动平台的运动数据包括：平台当前相对于起始基准点的运动距离，平台当前正在哪一个隔断中，平台是否存在故障
下游硬件及输出信号	轨道移动平台。平台运动的起停控制信号，平台运动的速度设置信号

表 A.2 焊缝跟踪装置接口模块基本信息表

名称	焊缝跟踪装置接口模块
基本功能描述	具有焊缝自动识别与跟踪功能
信息属性描述	焊缝跟踪装置接口模块提供机器人进行焊接前对目标进行识别的方式，主要接收由焊缝识别与跟踪装置发送过来的数据
上游硬件	焊缝识别与跟踪装置
下游硬件与传递信息	焊接机器人。坡口的数据信息：坡口间隙、角度、板厚、焊枪偏差值；未检测到目标的反馈信息

表 A.3 机器人焊接工艺参数模块基本信息表

名称	机器人焊接工艺参数模块
使用者	设备操作人员
基本属性描述	使机器人能够进行自动焊接，根据厚板焊接的工艺数据库能处理平焊和立焊
信息属性描述	焊接工艺参数主要包括焊接工件信息（编号、材质、厚度、根隙宽度、坡口形式）、焊接电流、焊接电压、机器人焊接速度、焊接方式、层数、道数等
上游软件及输入信号 1	焊接工艺数据库。通过用户输入坡口角度、根部间隙、板厚、焊接类型等工艺参数信息，能够自动生成焊接机器人的工艺参数数据，包括电压、电流（送丝速度）、移动速度、摆幅频率、摆幅、摆幅 1 侧驻留时间、摆幅 2 侧驻留时间
上游软件及输入信号 2	多层多道弧焊软件包。提供厚板焊接的机器人路径规划数据，主要为用户输入每一层每一道焊枪的起止位置、摆动幅度、驻留时间。多层多道弧焊软件包需要设置的信息内容具体包括：焊枪起止位置，相邻两层焊枪起始位置偏移量，焊枪摆动幅度，焊枪在两侧定点的驻留时间
下游硬件及输出信号	焊接机器人。焊接电流、焊接电压、机器人焊接速度、焊接方式、层数、道数等

表 A.4 标准机器人控制模块基本信息表

名称	标准机器人控制模块
使用者	设备操作人员
基本功能描述	标准机器人控制模块提供移动平台上机器人的标准运动方式，具有标准机器人控制的所有功能，包括工具坐标系运动、限位控制、程序编制等常见功能
上游硬件及输入信号	防碰撞传感器、焊缝识别与跟踪传感器。坡口的数据信息：坡口间隙、角度、板厚、焊枪偏差值；未检测到目标的反馈信息
下游硬件及输出信号	焊接机器人。机器人的空间位置、速度等信息

表 A.5　清枪剪丝控制模块基本信息表

名称	清枪剪丝控制模块
基本功能描述	主要完成焊接时的清枪剪丝工作
输入信号	移动平台的运动数据
下游设备及输出信号	清枪剪丝装置。清枪剪丝控制模块具体包括四个状态，通过模拟量完成如下四个状态的切换：开始清枪工作，完成清枪工作，开始剪丝工作，完成剪丝工作

表 A.6　焊接电源监视模块基本信息表

名称	焊接电源监视模块
基本功能描述	具有焊接电源监控能力
信息属性描述	焊接电源监视模块提供焊接电源数据，主要给用户展示焊接电源的当前状态，包括焊接电压、焊接电流等焊机信息
输入信号	焊接电源的焊接电压、焊接电流等焊机信息
输出信号	焊接电源故障状况，焊接电源运行状态，焊接电压情况，焊接电流情况，焊接送丝系统情况

参考文献

[1] 蔡敏，崔剑，叶范波. 数字化工厂——建模、实施与评估[M]. 北京：科学出版社，2014.
[2] 范玉顺，王刚，高展. 企业建模理论与方法学导论[M]. 北京：清华大学出版社，2001.
[3] 黄浩，陈建亮，季良军.船体工艺手册[M]. 北京：国防工业出版社，2013.

成果十

大型船舶焊接数字化车间　平面分段制造技术要求

引　言

标准解决的问题：

本标准规定了大型船舶焊接数字化车间平面分段制造的技术要求，并规定了术语和定义、概念及内涵、设计建设准则及要求，包括基本要求、设备要求及功能要求。

标准的适用对象：

本标准适用于大型船舶焊接数字化车间平面分段制造的设计、建设、改造和运营。

专项承担研究单位：

中国船舶重工集团公司第七一六研究所。

专项参研联合单位：

机械工业仪器仪表综合技术经济研究所、大连船舶重工集团有限公司。

专项参加起草单位：

哈尔滨工程大学。

专项参研人员：

徐鹏、陈卫彬、苗玉刚、刘佳文、耿庆河、李萌萌、廖良闯、富威、闫晓风、王常涛、王麟琨、邓烨峰、王进宁、陈乐。

大型船舶焊接数字化车间　平面分段制造技术要求

1　范围

本标准规定了大型船舶焊接数字化车间平面分段制造的技术要求，并规定了术语和定义、概念及内涵、设计建设准则及要求，包括基本要求、设备要求及功能要求。

本标准适用于大型船舶焊接数字化车间平面分段制造的设计、建设、改造和运营。

2　规范性引用文件

下列文件对于本文件的应用是必不可少的。凡是注日期的引用文件，仅注日期的版本适用于本文件。凡是不注日期的引用文件，其最新版本（包括所有的修改单）适用于本文件。

GB/T ×××××　数字化车间　术语和定义

GB/T ×××××　数字化车间　通用技术要求

GB/T 12924—2008　船舶工艺术语　船舶建造和安装工艺

GB/T 16980.1—1997　工业自动化　车间生产　第 1 部分：标准化参考模型和确定需求的方法论

GB/T 20720.3—2010　企业控制系统集成　第 3 部分：制造运行管理的活动模型

GB/T 23830—2009　物流管理信息系统应用开发指南

GB/T 26333—2010　工业控制网络安全风险评估规范

GB/T 26802.1—2011　工业控制计算机系统　通用规范　第 1 部分：通用要求

3　术语和定义

以下术语和定义适用于本标准。

3.1

车间生产模型　shop floor production model

用来描述车间生产内部结构的基本模型。

[GB/T 16980.1—1997:2.2.9]

3.2

平面分段　flat section

由平直列板与相应的骨材装配结合而成的船体分段。

[GB/T 12924—2008:2.3.7]

3.3

拼板　plate alignment

将板材与板材装配焊接成板列的过程。

[GB/T 12924—2008:2.3.15]

3.4

纵骨　longitudinal

船体外板、甲板、内底板上的纵向小骨架，通常用型材做成。

[GB/T 7727.4—1987:1.33]

3.5

T 型材　T bar

指横截面形式为 T 形的构件。T 型材分直、弯两类，凡是面板平直的为直 T 型材，面板弯曲的为弯 T 型材。

3.6

水密补板　water tight collar plate

是补板的一种形式，指当骨材穿越水密舱壁时，用来密封穿越孔的板材。

3.7

肋板　floor

与甲板和船底结构相连的，支承船侧外板的竖向骨材。

4　基本要求

4.1　布局要求

一种典型的大型船舶焊接数字化车间平面分段生产线总体布局如图 1 所示。平面分段加工装备应根据分段类型及数量、加工工艺路线等进行合理布局，生产线布局应满足如下要求：

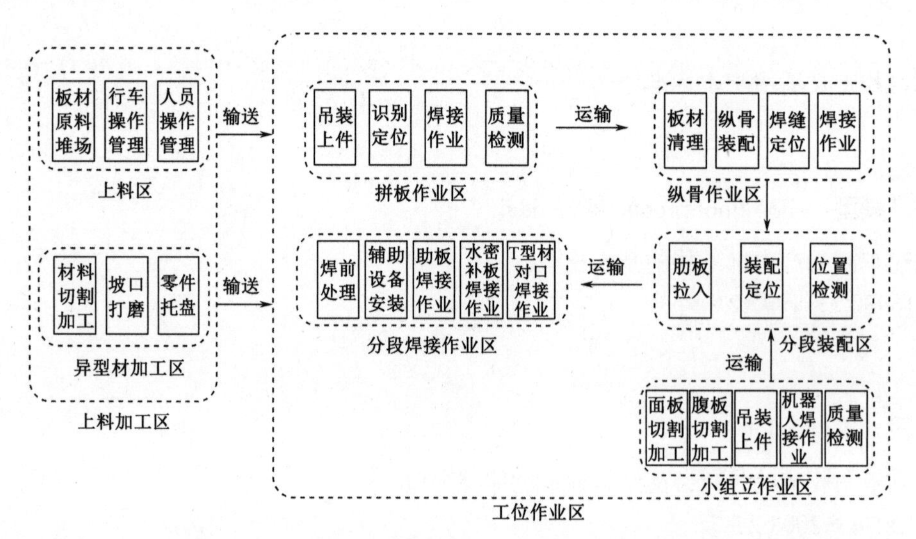

图 1　一种典型的大型船舶焊接数字化车间平面分段生产线总体布局

a）应当按照生产过程的流向和工艺顺序布置设备，使加工对象加工过程中呈直线流动并使加工路线最短，并应避免生产对象的倒流。

b）要能尽量减少物流成本，便于运输，充分发挥运输工具的作用。

c）尽可能为工人创造安全、良好的工作环境。要使工人作业方便，设备及工作地之间应留有必要的供工人走动、操作，以及放置工具、图纸、工位器具的地方。多设备看管时，应使工人在设备与设备之间的走动距离最短。

d）充分合理地利用车间的面积。在一个空间内，可因地制宜地将设备排列成纵向的、横向的或斜角的。

e）充分考虑生产设备的精度和工作特点，如焊接机器人尽可能布置在振动影响小的地方。

f）考虑各种事故状态下的应急安全措施，并为今后的发展和变更布局留有余地。

4.2 生产流程要求

4.2.1 生产流程

平面分段制造的生产流程主要指在定位识别设备、检测设备、运输装配设备的协助下，从上料到平面分段制造合格完工的过程，主要包含拼板焊接、纵骨焊接、分段装配、分段焊接等工艺过程。大型船舶数字化焊接车间平面分段制造流程如图 2 所示。

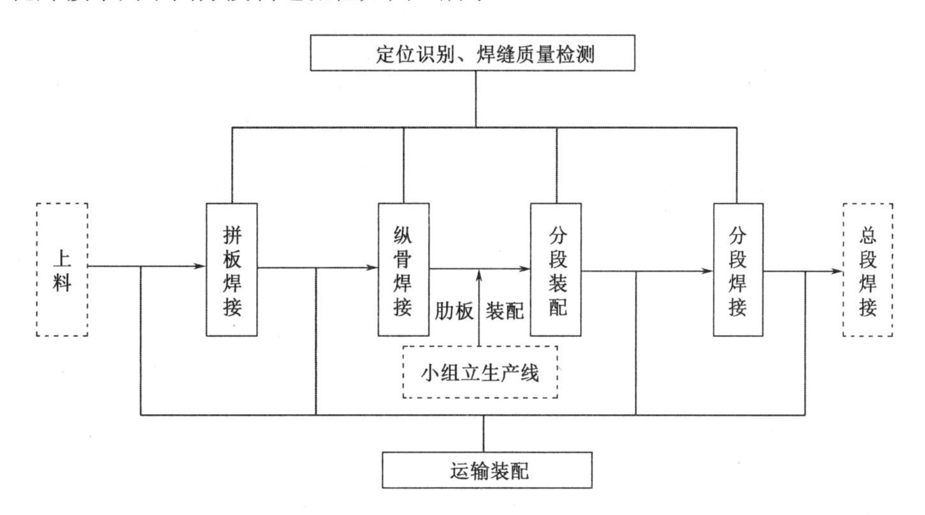

图 2 大型船舶焊接数字化车间平面分段制造流程

4.2.2 拼板焊接

拼板焊接工艺流程可划分为钢板运输、拼板装配、拼板焊接、质量检测等，主要功能如下：

a）接收上级制造执行系统下发的拼板焊接任务。如工艺要求、坡口尺寸及精度要求、装配技术要求、焊缝质量要求等。

b）将加工好的钢板运送至拼板焊接工位，如由辊道运输到焊接工位。

c）进行拼板装配固定，如用板缝对正机和焊接设备对钢板进行装配和点焊固定。

d）进行拼板焊接，如采用 FCB 法进行拼板单面焊双面成形。

e）对拼板焊接过程进行参数监控，如监控焊接过程中的焊接电流、电压、焊缝位置等参数。

f）对拼板焊接质量进行检测，如焊缝尺寸、焊接缺陷等，并将质量检测信息上传至上层信息管理系统。

4.2.3 纵骨焊接

纵骨焊接工艺流程可划分为纵骨运输、纵骨装配、纵骨焊接、质量检测等，应实现以下功能：

a）接收上级制造执行系统下发的纵骨焊接任务，如工艺要求、坡口技术要求、装配技术要求、焊缝质量要求等。

b）将加工好的纵骨运输到装配位置，如采用吊车将纵骨运输到装配工位。

c）进行纵骨装配和固定，如采用定位和焊接设备对纵骨进行装配和定位焊。

d）进行纵骨焊接，如采用 FWG 法进行多根纵骨双面同时焊接。

e）对纵骨焊接过程进行参数监控，如监控焊接过程中的焊接电流、电压、速度、焊角高度等参数。

f）对纵骨焊接质量进行检测，如焊角尺寸、焊接缺陷等，并将质量检测信息上传至上层信息管理系统。

4.2.4 分段装配

分段装配工艺流程可划分为肋板装配、纵桁装配、水密补板及 T 型材对口装配、散件装配等，应实现以下功能：

a）接收上级制造执行系统下发的分段装配任务，如装配件类型数量、装配位置、装配技术要求等。

b）将加工好的肋板运输到装配位置，如采用肋板拉入或推入装置将肋板安装到指定位置，并进行定位焊接。

c）将加工好的纵桁构件运输到装配位置，并进行装配和定位焊。

d）将加工好的水密补板运输到装配位置，并进行装配和定位焊。

e）将加工好的散件运输到装配位置，并进行装配和定位焊。

f）对分段装配质量进行检测，如装配间隙、装配尺寸精度及装配质量等，并将检测信息上传至上层信息管理系统。

4.2.5 分段焊接

分段焊接工艺流程可划分为肋板焊接、纵桁构件焊接、水密补板及 T 型材对口焊接、散件焊接等，主要功能如下：

a）接收上级制造执行系统下发的分段焊接任务，如工艺数据包、技术要求和焊缝质量要求等。

b）进行肋板焊接，如采用角焊机进行肋板焊接。

c）进行纵桁构件焊接，如采用自动焊接设备进行纵桁构件焊接。

d）进行水密补板及 T 型材对口焊接，如采用焊接机器人进行水密补板及 T 型材对口焊接。

e）进行散件焊接，如采用人工或焊接机器人进行平面分段散件焊接。

f）对分段焊接过程进行参数监控，如监控焊接过程中的焊接电流、电压、焊缝位置等参数。

g）对焊接质量进行检测，如焊缝尺寸、焊接缺陷等，并将质量检测信息上传至上层信息管理系统。

4.3 生产对象要求

4.3.1 基本要求

大型船舶数字化焊接车间平面分段生产线需要完成平面分段的拼板焊接、纵骨焊接、分段装配、分段焊接等生产作业。生产对象材质为船用碳素结构钢或船用低合金高强钢。其中焊缝类型包括对接焊、平角焊、立焊、包角焊等。

4.3.2 零件切割精度要求

用于平面分段制造的零部件应使用火焰切割、等离子切割或激光切割工艺，切割精度控制在 2mm 以内。

4.3.3 钢板表面状态要求

要求装配完成后平面分段的钢板表面无生锈、无油污附着等情况。

4.3.4　生产设计信息输入要求

船舶平面分段制造要求生产设计部门提供生产对象的几何模型数据和焊接工艺要求作为输入。

要求输入数据格式为 Tribon 或 CAD 软件导出的三维数据模型，并要求模型中包含生产作业对象的精确几何尺寸和详细焊接工艺要求（如焊缝位置信息、焊缝长度、焊接种类、保护气体类型、焊角高度等）。

要求生产设计数据通过网络可以与平面分段作业区互联互通。

4.4　工艺要求

平面分段制造生产线的装配点焊、焊接、装配等作业应严格按照制造企业和关于平面分段制造的工艺要求实施。

4.4.1　装配工艺要求

平面分段工件组对定位误差小于等于 2mm。点焊装配完成后，装配间隙小于等于 2mm，垂直度控制在±0.2mm 以内。

4.4.2　焊接工艺要求

气体保护焊应采用药芯焊丝或其他可达到同等焊接质量（如焊缝质量、焊接飞溅、焊缝表面质量）的焊丝，并在焊接过程中应采用 CO_2、氩气等焊接保护气体，焊丝直径不小于 1.2mm。埋弧焊应按照工艺要求选择焊丝和焊剂。

5　设备要求

5.1　生产线设备构成

大型船舶焊接数字化车间平面分段制造的设备主要包括控制设备、运输设备、生产设备、检测设备，其中运输设备负责根据控制指令完成生产物料的运输，生产设备根据控制指令完成平面分段的焊接生产制造，检测设备进行识别定位、焊接过程监测和焊缝质量检测。

5.2　生产线设备要求

5.2.1　拼板焊接区域设备

5.2.1.1　设备组成

拼板焊接区域设备主要包括：运输装置、吊装设备、板缝对正机、拼板点焊设备、拼板焊接专机、安全防护及警报设备等。

5.2.1.2　技术要求

拼板焊接区域设备的技术要求如下：

a）运输和吊装设备能够根据上级指令，对物料进行识别，并运输到指定位置。

b）板缝对正机能够实现水平定位调节和小角度倾斜调节，对拼板进行最终装配、定位。

c）拼板点焊设备能够快速移动到焊缝位置并进行定位焊。

d）拼板焊接专机能够实现对工件需焊接位置的自动识别，自动启动焊接程序并调用焊接工艺参数。

e）拼板焊接专机能够实时根据工作人员要求更改工作运行参数。

f）安全防护及报警设备能够实时监控设备的自身运行状态，并对错误状态进行报警和自我保护。

5.2.2 纵骨焊接区域设备

5.2.2.1 设备组成

纵骨焊接区域设备主要包括：辊道运输设备、吊装设备、纵骨安装设备、纵骨点焊设备、纵骨焊接专机、安全防护及警报设备等。

5.2.2.2 技术要求

纵骨焊接区域设备的技术要求如下：

a）辊道运输和吊装设备能够接收上道工序的完工信息，并将产品输送到安装位置。

b）纵骨安装设备能够对纵骨编码进行识别，将纵骨安装在板材指定位置。

c）纵骨点焊设备能够快速移动到焊缝位置并进行定位焊。

d）纵骨焊接专机能够自动识别焊缝，自动启动焊接程序并调用焊接工艺参数，同时对多根纵骨进行焊接。

e）安全防护及警报设备在出现故障的情况下执行急停指令，并发出报警信号。

5.2.3 分段装配区域设备

5.2.3.1 设备组成

分段装配区域设备主要包括：辊道输送装置、吊装设备、肋板装配设备、液压设备、气动设备、人工点焊设备、安全防护及警报设备等。

5.2.3.2 技术要求

分段装配区域设备的技术要求如下：

a）肋板装配设备能够识别肋板上的编码信息，将肋板装配到指定位置，并上传位置信息。

b）吊装设备将纵桁构件吊装到指定位置，在其他装配设备的辅助下进行纵桁构件安装。

c）在吊装设备和人工点焊设备的辅助下进行水密补板安装和定位焊。

d）在液压设备或气动设备、点焊设备辅助下进行 T 型材对口的装配和定位焊。

e）安全防护及警报设备在出现故障的情况下执行急停指令，并发出报警信号。

5.2.4 分段焊接区域设备

5.2.4.1 设备组成

分段焊接区域设备主要包括：吊装设备、人工点焊设备、焊接机器人、多自由度机器人、行走机构、数字化焊接电源、多自由度机器人控制器、焊枪、送丝机、防碰撞传感器、弧压跟踪设备、视觉识别设备、清枪剪丝设备、焊缝识别设备、质量检测设备、安全防护及警报设备等。

5.2.4.2 技术要求

分段焊接区域设备的技术要求如下：

a）焊缝识别设备能够对焊缝进行识别，并将检测到的焊缝数据传递给焊接机器人。

b）焊接机器人能够设计自动化工作流程，焊接过程无人干预或简单人工干预。

c）焊接机器人能够在导轨上自主运动，进入到分段各个焊接部位进行焊接。

d）焊接机器人能够实时监控焊接电流和电压。

e）焊接机器人能够对焊接过程中的运动参数和焊接参数进行调整。

f）焊接机器人能够进行示教模型修正并指导焊接。

5.3 运输设备要求

5.3.1 设备组成

大型船舶焊接数字化车间平面分段制造的运输设备主要包括：吊装设备、自动运输设备等。首先，将生产物流信息实时传递给平面分段生产线控制系统，控制系统对生产的物流顺序、运输路径等统一规划。其次，利用自动装配设备将运输过来的物料进行结构装配、点固和安装。

5.3.2 技术要求

大型船舶焊接数字化车间的运输设备技术要求应符合标准《大型船舶焊接数字化车间　通用技术要求》的 7.2.2 节。

5.4 焊机群控管理设备要求

5.4.1 设备组成

平面分段焊机群控管理设备主要包括：中央服务器、数据总线及有线网络、数据采集及主控模块、焊接电源、打印输出设备、安全防护及警报设备等。

5.4.2 技术要求

焊机群控管理设备的技术要求如下：

a）中央服务器负责对平面分段制造相关的工艺文件、焊接设备、作业人员、焊材、能耗等要素进行统一管理。

b）数据采集及主控模块负责实时采集和控制焊接电源的现场参数（如焊接电流、电压、送丝速度、气体流量、电量消耗等）。

c）数据总线及有线网络负责对中央服务器、焊接设备、数据采集及主控模块进行设备联网。

d）焊接电源负责平面分段的现场焊接，并将焊接参数（输出电流、输出电压、焊丝速度、气体流量、电量消耗等）上传至综合管理系统，实现焊机作业全过程实时监控和数据采集分析。

e）最终形成的报表通过打印输出设备进行数据打印输出。

f）安全防护及警报设备能够实时监控设备的自身运行状态，并对错误状态进行报警和自我保护。

5.5 检测设备

5.5.1 设备组成

大型船舶焊接数字化车间平面分段制造的检测设备主要包括：定位识别设备、过程检测设备和质量检测设备。检测设备主要进行定位识别、轨迹监测、参数监测、焊缝质量监测等，并将检测信息上传到制造控制系统。

5.5.2 技术要求

5.5.2.1 定位识别设备技术要求

大型船舶焊接数字化车间平面分段制造过程中定位识别设备主要是定位装置、全站仪等，其主要作用是识别生产对象、定位、装配质量和装配精度检验。定位识别设备要求如下：

a）能对工件和焊缝进行定位识别，包括工件几何尺寸、位置、焊缝位置等。

b）能对装配的基本信息进行检验，如固定位置、安装偏差、垂直度和水平度等。

c）能将检测的数据整理归类。

d）能与车间信息管理系统进行信息传递，将采集的数据传递至上级信息管理系统进行数据分析。

5.5.2.2 过程检测设备技术要求

大型船舶焊接数字化车间平面分段制造过程中过程检测设备一般包含视觉传感器和焊接过程监控设备，其主要作用是对焊接过程信息进行实时采集，并将数据传递至上位机进行分析。过程检测设备技术要求如下：

a）能够感知焊枪与焊缝的相对位置、焊枪与焊缝中心的相对位置。

b）能够监测熔池与电弧的形态变化，并将信息传递至上位机。

c）具备实时采集焊接电流、电压、速度等数据的能力。

d）能够实时监控焊接设备整体的运行和操作状况。

e）具备实时报警功能。

5.5.2.3 质量检测设备技术要求

大型船舶焊接数字化车间平面分段制造过程中焊接质量检测设备一般包含射线照相探伤仪、超声探伤仪、磁粉探伤仪和渗透探伤仪等，其主要作用是对焊接加工完成后的工件质量进行检测，记录检测质量数据。质量检测设备要求如下：

a）能对不同焊接缺陷进行检测。

b）能检测不同深度的焊接缺陷。

c）检测设备获取的各种图像、文字信息能够传递至上位机进行处理分析。

6 数字化功能要求

6.1 系统构成

大型船舶焊接数字化车间平面分段生产线功能模块构成如图 3 所示。

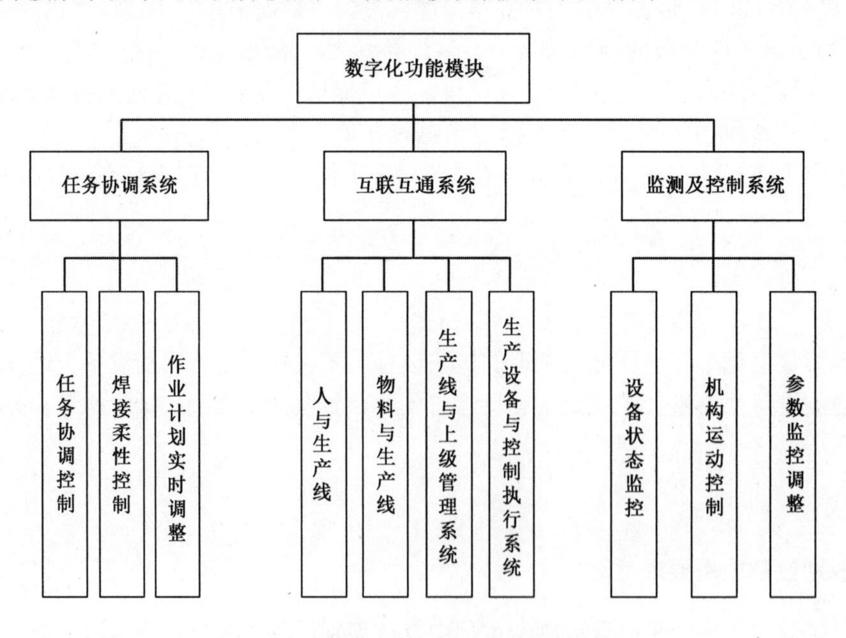

图 3 平面分段生产线功能模块构成

主要的系统组成如下：

a） 任务协调系统。适应不同平面分段的焊接需求，实现焊接任务之间的协调控制，形成规模完整的数字化焊接柔性制造、敏捷制造系统。

b）监测及控制系统。利用传感器、视觉系统监测焊接过程，将监测结果反馈到焊接工艺数据库，进行焊接机构的运动控制，以及焊接参数设定和调整。

c）互联互通系统。实现人与生产线、物料与生产线、生产线与上级信息管理系统、生产线设备与控制执行系统之间的互联互通。

6.2 功能模块要求

6.2.1 任务协调系统功能要求

a）根据平面分段的产品需求，实现焊接任务的协调控制，满足不同规格平面分段的制造需求。

b）根据不同焊缝结构类型，调节焊接工艺参数，满足船舶敏捷制造需求。

c）根据产品结构形式，满足不同焊缝尺寸的焊接需求。

6.2.2 监测及控制系统功能要求

a）设备状态监控。监控焊接设备的开关机情况、设备状态、故障警报等。

b）焊接参数监控。利用传感器检测焊接电流、电压、速度等，将焊接参数实时反馈并记录。

c）焊接过程监控。监控平面分段制造过程的下料、点装、焊接、维修、耗材、编码登记等，实时监控车间生产过程。

d）视频监控。对重点焊接工位进行监控，对检验过程和物流通道等进行视频监控。

e）焊缝跟踪系统。对焊缝的位置进行跟踪、定位。

6.2.3 互联互通系统功能要求

6.2.3.1 人与生产线的互联互通

6.2.3.1.1 人机互交

用户通过登录窗口进入到人机交互界面，人机交互界面可以分为两大模块：信息化终端（工位一体机）、控制执行终端。

a）基本信息区。包括用户名、班组以及当前时间等信息。用户名通过登录系统读取，不同的用户拥有不同的权限以实现不同的操作功能；班组是显示当前的生产班组，实现生产责任人的可追踪性。

b）操作区。操作区包括生产过程监测、工艺参数设定、生产设备信息和产品信息。

c）生产线信息区。生产线信息区包括当前生产线各设备的名称、运行状态、警报指示灯。

6.2.3.1.2 可视化管理

用户可以通过客户端远程、电子看板以及报表查看当前各工位、设备的运行状态和工作进度。

6.2.3.2 物料与生产线的互联互通

a）具有完整的作业对象编码体系，确保编码唯一性。

b）编码中包含的信息包括：作业对象的尺寸、处理情况、用途、应焊接的位置等。

c）编码系统可以通过 RFID、二维码、条形码等物联网技术对生产对象的批/序号进行识别，并监控其在各区域间的物流状态。

6.2.3.3 生产线与上级管理系统的互联互通

生产线的制造执行系统应具备将生产线信息与上级系统车间信息进行交互的功能，包括各项实时状态信息、本地储存历史信息等。

a）上级制造执行系统向生产线下发任务包，如工艺数据包、技术要求等。

b）生产线向上级信息管理系统传递生产过程的参数信息和焊缝质量检测信息。

c）上级信息管理系统对接收到的生产信息进行处理。

6.2.3.4 生产设备与控制执行系统的互联互通

图 4 为大型船舶焊接数字化车间平面分段制造的总体系统集成。大型船舶焊接数字化车间平面分段制造的系统集成围绕制造执行系统展开，制造执行系统向生产线下达生产命令，同时各个工位将数据上传反馈，制造执行系统通过数据的转换分析，结合焊接数据库和技术文件对各类参数进行实时的监控和调整，形成闭合的数据信息流。

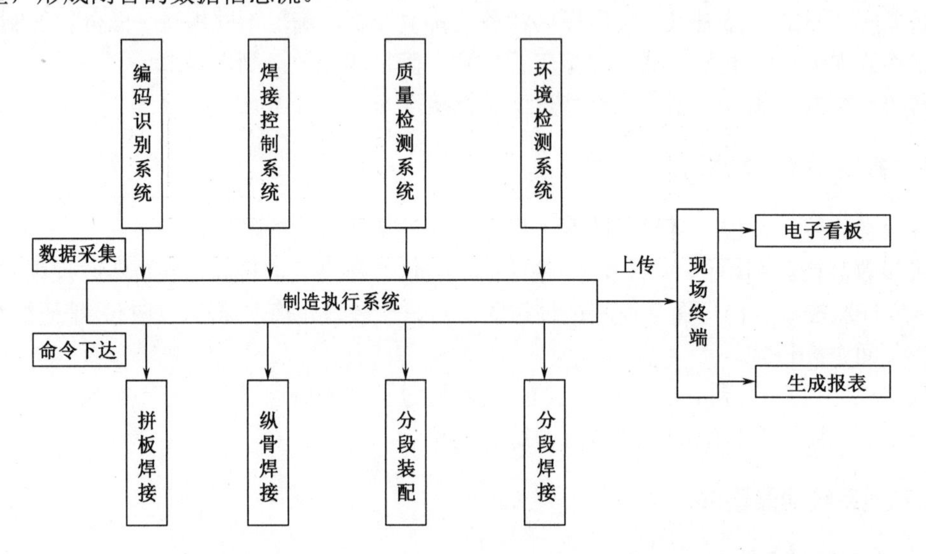

图 4 大型船舶焊接数字化车间平面分段制造的总体系统集成

6.3 信息数据集成

6.3.1 通用数据流向

大型船舶焊接数字化车间平面分段各个工位的工作流程一般为：物料管理、分段装配、焊接、质量检测。图 5 为大型船舶焊接数字化车间平面分段各个工位的通用数据流向。

6.3.2 物料管理

编码识别系统通过对托盘的识别码进行扫描，扫码信息传递给制造执行系统，能够识别出托盘中包含的物料信息，包括分段信息、板材名称及数量等。

6.3.3 分段装配数据信息

a）配构件具有编码信息。

b）分段的装配信息包括装配路径、装配顺序、装配位置、装配工装等。

c）装配工艺可以由信息化终端查询得到，具备三维可视化及作业指导功能。

d）装配完成后，通过工位一体机提交装配质量检测申请。

6.3.4 焊接数据信息

a）接受上级制造执行系统下发的焊接任务。如工艺要求、坡口尺寸及精度要求、装配技术要求、焊缝质量要求等。

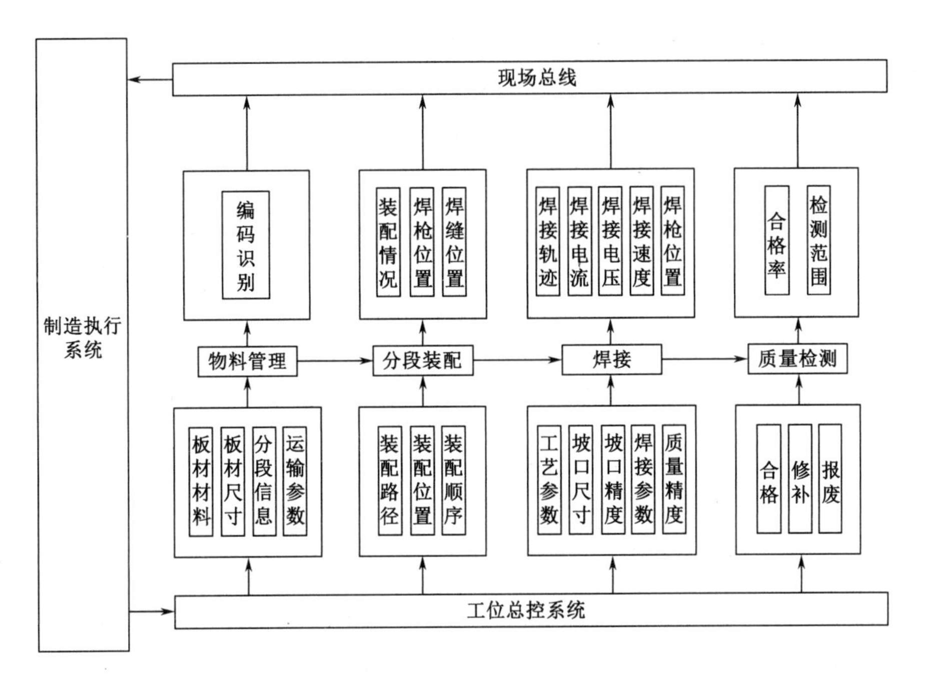

图 5 大型船舶焊接数字化车间平面分段各个工位的通用数据流向

b）焊接过程的数据能够上传至上层信息管理系统，包括焊接电流、焊接电压、焊接速度等信息。制造执行系统通过工件的几何形状、方案要求加工水密补板的形状、厚度。

c）焊接完成后，通过现场终端提交焊接质量检测申请。

6.3.5 质量检测

a）质检人员通过制造执行系统查询到检测信息后，通过自动化的质量检测设备或者人工完成焊缝检测工作。

b）焊接质量检测结果包括焊缝外观及尺寸（外观缺陷、焊缝均匀美观等级、焊缝宽度、余高）、焊接裂纹、气孔等信息，可以通过自动传输或者人工输入的方式上传至制造执行系统。

c）装配质量检测结果包括装配间隙尺寸、装配是否变形等。

d）质检人将检测结论（合格/修补/报废）录入制造执行系统。

附录 A

（资料性附录）

大型船舶焊接数字化车间平面分段 T 型材对口焊接应用示例

A.1 总则

A.1.1 概述

在船舶智能制造系统的发展过程中，通常是在智能装备层面上的单个技术点首先实现数字化突破，然后出现面向智能装备的组线技术，并逐渐形成高度自动化与柔性化的智能生产线。在此基础上，当面向多条生产线的车间中央管控、智能调度等技术成熟之后，才可形成船舶焊接数字化车间。

围绕大型船舶平面分段数字化车间制造过程集成的网络层、设备控制层、现场控制层、操作层、管理层等的综合应用，建立大型船舶平面分段数字化车间的 T 型材焊接试验验证平台，对设备分布、工作流程、数据使用流向、管理系统等多项标准技术工作进行试验验证。T 型材对口和水密舱补板一般板材较厚且工作空间狭小，需要进行多层多道焊接，如图 A.1 所示。

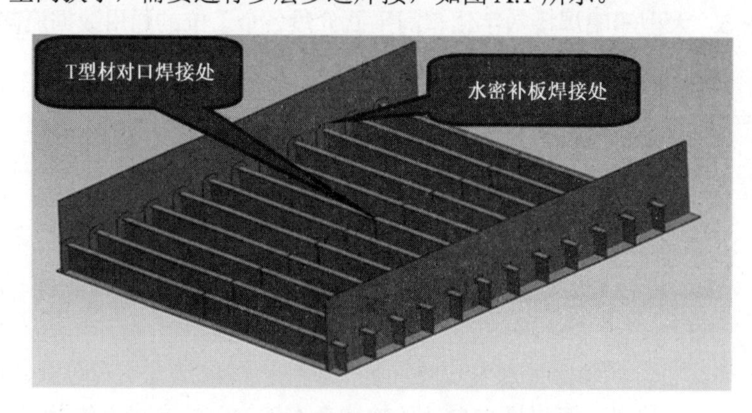

图 A.1　T 型材对口和水密补板焊接图

A.1.2 引用文件

GB 5226.1—2002　机械安全　机械电气设备　第 1 部分：通用技术条件
GB/T 5465.2—2008　电气设备用图形符号　第 2 部分：图形符号
GB/T 9414.3—2012　维修性　第 3 部分：验证和数据的收集、分析与表示
GB 11291.1—2011　工业环境用机器人　安全要求　第 1 部分：机器人
GB 11291.2—2013　机器人与机器人装备　工业机器人的安全要求　第 2 部分：机器人系统与集成
GB/T 12643—2013　机器人与机器人装备　词汇
GB/T 12644—2001　工业机器人　特性表示
GB/T 15174—1994　可靠性增长大纲
GB/T 15706—2012　机械安全　设计通则　风险评估与风险减小
GB 19517—2009　国家电气设备安全技术规范

A.1.3 主要实现的功能

a）机器人自动焊接，焊接过程无人干预或简单人工干预。
b）移动平台所在的运行导轨由三段轨道拼接而成，移动平台能在导轨上自主运动，进入到分段各个焊接部位。

c）具有焊接数据库自动匹配功能。
d）具有焊接电源电流、电压监控能力。
e）具有焊缝参数的自动识别与焊缝跟踪功能。
f）具有接触式寻位功能。
g）具有电弧跟踪功能。
h）具有焊接过程中实时运动参数调整功能。
i）具有焊接过程中实时焊接参数调整功能。
j）具有示教模型修正并指导焊接功能。
k）具有机器人末端碰撞检测功能。
l）具有驱动器故障检测及软复位功能。
m）具有故障检测功能，在出现故障的情况下执行急停指令，并发出声音报警信号，设备停止运转，等待维护。

A.2　系统组成及工作流程

A.2.1　系统概述

对 T 型材智能焊接，包括自动化设备和人工工位，通过不同的功能模块进行数字化管理。通过现场总线和数据接口将工艺参数及加工任务实时下发至自动化设备。在 T 型材识别、匹配、机器人焊接等过程中，都可通过安装在车间的电脑终端，对车间内的生产状态进行实时跟踪并以此管理生产中的工人。如果有必要的话，有权限的车间管理用户、计划部门甚至公司管理层都可以看到这些信息。

A.2.2　设备组成

大型船舶平面分段焊接数字化车间试验验证平台主要包括综合管控系统、仿真平台、T 型材智能机器人焊接系统、水密补板智能机器人焊接系统、质量检测设备、条码管理设备、环境监测设备及电子看板等，如图 A.2 所示。

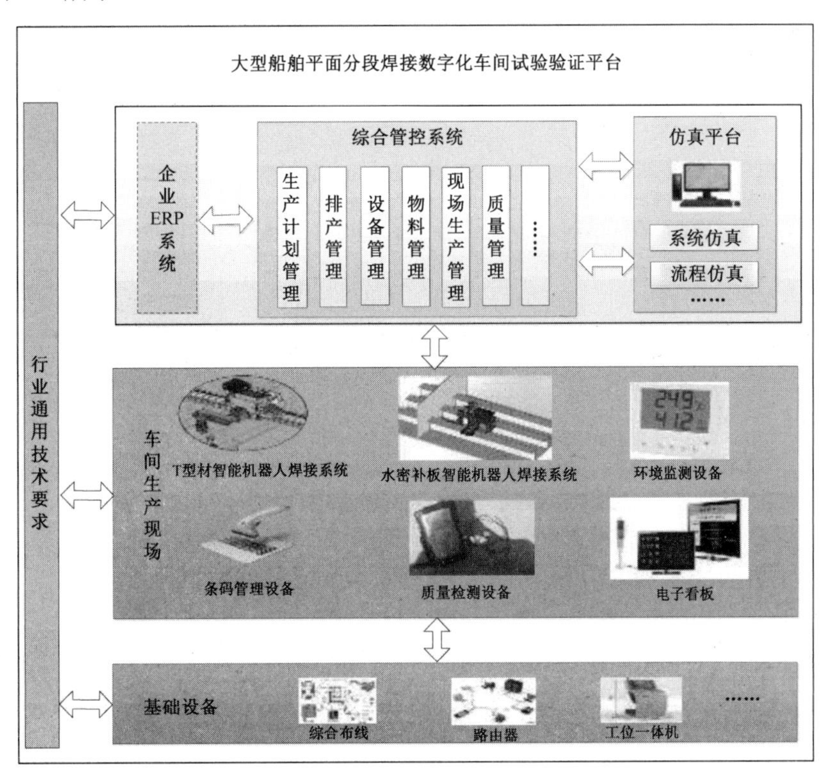

图 A.2　试验验证平台

其中，综合管控系统主要由服务器及一系列工位显控一体机组成，具备生产计划管理、排产管理、设备管理、物料管理、现场生产管理及质量管理等功能。仿真平台主要由图形工作站和抗恶劣环境计算机组成，主要完成平面分段焊接数字化车间的系统仿真和流程仿真，并输出仿真结果。T 型材及水密补板智能机器人焊接系统是大型船舶平面分段车间的关键生产设备，主要完成平面分段中 T 型材和水密补板的自动化焊接任务，并与制造执行系统进行信息交互。质量检测设备主要由超声波测试仪、磁粉探伤仪等检测设备组成，用于对平面分段车间生产过程中的半成品及成品进行质量检测，生成质量检测报告，上传至质量管理系统。条码管理设备由喷码机和识别器两部分组成，其中喷码机接收智能综合控制系统的编码序列并进行喷码，识别器根据相应条码进行识别。电子看板能够对平面分段焊接数字化车间中的任务信息、物流信息、故障信息及报检信息进行显示。

A.2.3 系统工作流程

根据现场调研情况，焊接方式采用 CO_2 气体保护焊，完成不同焊缝的自动化焊接工作，系统工作流程如图 A.3 所示。

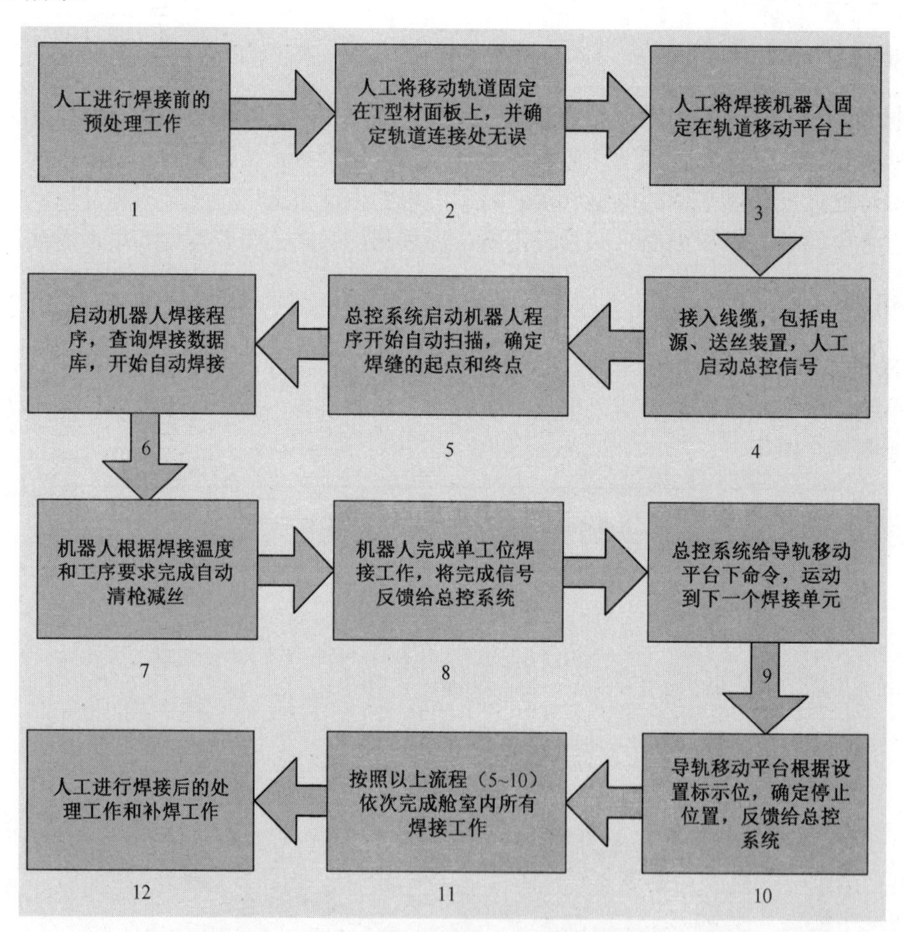

图 A.3 船舶舱室多功能焊接机器人自动焊接系统工作流程

A.3 主要技术指标

a）T 型材焊接可达性：≥ 95%。

b）综合焊接速度：≥ 9mm/s。

c）工作环境：环境温度为–25℃～65℃；环境湿度为 75%RH 以下；振动为 0.5G 以下；噪声等级为 70db 以下。

A.4　技术条件

A.4.1　系统方案设计

A.4.1.1　T 型材智能焊接机器人系统

T 型材智能焊接机器人系统是试验验证平台的核心智能装备之一，能够完成对 T 型材的自动化焊接，能够对焊缝进行自主感知、判断，根据焊缝的形态进行轨迹跟踪以及焊接电流、电压的调整，能够根据剖口的形态自主计算焊缝宽度，从而进行参数调整，同时能够将焊接过程的状态信息、参数反馈至上位控制系统。

T 型材智能焊接机器人系统主要由轨道单元、移动平台单元、工业机器人单元、焊接设备单元等部分组成，如图 A.4 所示。

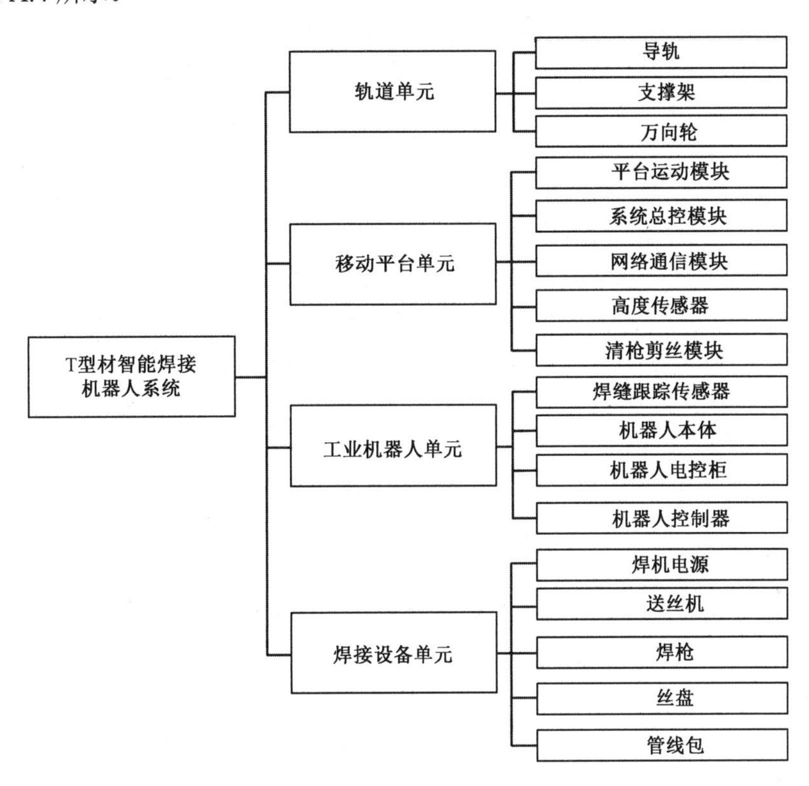

图 A.4　T 型材智能焊接机器人系统组成框图

A.4.1.2　移动平台单元

移动平台单元的指标如下：

a）导轨运动定位误差：≤5mm。

b）导轨单节长度：80cm～100cm。

c）移动导轨自重：≤10kg/单节。

d）导轨平台负载：≥70kg/单节。

e）移动平台自锁误差：在自锁状态下，平台能够稳定在当前位置，在 200N 的拉力下，平台稳定静态误差小于 0.1mm。

f）移动平台运动方向：前、后两向。

g）导轨节间拼接：插卡式。

h）导轨固定：卡扣式，卡扣位置可调节 1cm。

A.4.1.3 工业机器人单元

由于T型材隔挡空间较小，且整套系统设备经常吊装移动，需选择质量轻、小巧灵活的六自由度工业机器人。考虑到机器人自重和工作范围的要求，平台上安装的机器人指标如下：

a）自身重量：≤50kg。

b）工作范围：≥640mm。

c）定位精度：≤0.1mm。

d）具有焊缝识别跟踪功能。

e）具有多层多道弧焊功能。

A.4.1.4 电控单元

系统电控单元实体分为两大部分：机器人控制柜和平台总控系统控制柜。

a）机器人控制柜完成机器人伺服驱动器和控制器的安装，具有使能控制、电源控制、报警提示等功能，通过一系列硬件功能模块确保机器人工作过程中的安全性。机器人控制柜指标如下：

1）控制柜重量：<13kg。

2）电源输入：三相380V。

3）电源输出：交流单相220V，直流24V。

b）平台总控系统控制柜完成移动平台伺服驱动器和控制器的安装，具有使能控制、电源控制、报警提示等功能，同时兼顾提供机器人焊接工艺数据库、焊接电源状态监控等功能，通过一系列硬件功能模块确保系统工作过程中的安全性。平台总控系统控制柜指标如下：

1）控制柜重量：<7kg。

2）电源输入：三相380V。

3）电源输出：交流单相220V，直流24V。

A.4.1.5 外接辅助单元

外接辅助单元主要为焊机电源和送丝系统，主要根据船厂现场情况直接使用船厂已有的成熟电源系统。

A.4.2 工艺执行设计

A.4.2.1 标准机器人控制模块

标准机器人控制模块提供移动平台上机器人的标准运动方式，具有标准机器人控制的所有功能，包括工具坐标系运动、限位控制、程序编制等常见功能。

A.4.2.2 焊缝跟踪装置接口模块

焊缝跟踪装置接口模块提供机器人进行焊接前对目标进行识别的方式，主要接收由焊缝识别与跟踪装置发送过来的信息。焊缝识别与跟踪装置发送过来的信息具体包括：

a）装置启动和停止信息。

b）坡口的数据信息：坡口间隙、角度、板厚、焊枪偏差值。

c）未检测到目标的信息反馈。

A.4.2.3 多层多道弧焊软件包

多层多道弧焊软件包提供厚板焊接的机器人路径规划数据，通过它用户可输入每一层每一道焊枪的起止位置、摆动幅度、驻留时间。多层多道弧焊软件包需要设置的信息内容具体包括：

a）焊枪起止位置。

b）相邻两层焊枪起始位置偏移量。

c）焊枪摆动幅度。

d）焊枪在两侧定点的驻留时间。

A.4.2.4 焊接电源监视模块

焊接电源监视模块提供焊接电源数据，主要给用户展示焊接电源的当前状态，包括焊接电压、焊接电流等焊机信息。焊接电源监视模块可监视的信息内容具体包括：

a）焊接电源故障状况。

b）焊接电源运行状态。

c）焊接电压情况。

d）焊接电流情况。

e）焊接送丝系统情况。

A.4.2.5 平台运动控制模块

平台运动控制模块提供移动平台的运动数据，主要给用户显示移动平台的当前状态，包括当前距离起点的偏移距离、处于哪个工作工位上，同时包含平台的运动控制等信息。平台运动控制模块的控制信息具体包括：

a）平台运动的起停控制。

b）平台运动的速度设置。

c）平台当前相对于起始基准点的运动距离。

d）平台当前正在哪个工作工位上。

e）平台是否存在故障。

A.4.2.6 清枪剪丝控制模块

清枪剪丝控制模块主要完成长时间焊接后的清枪剪丝工作。清枪剪丝控制模块包括如下四种状态，通过模拟量完成这四种状态间的切换：

a）开始清枪工作。

b）完成清枪工作。

c）开始剪丝工作。

d）完成剪丝工作。

A.4.2.7 焊接工艺数据库

焊接工艺数据库完成常见厚板焊接工艺参数的存储，本项目对已有的焊接工艺数据库进行扩充，如图 A.5 所示。具体包括完成立焊间隙 2mm～4mm 或 9mm～11mm、坡口角度 40 度的焊接工艺参数，以及平焊间隙 8mm～20mm、坡口角度 40 度的焊接工艺参数的积累。

a）数据库输入参数：

1）坡口角度。

2）根部间隙。

3）板厚。

4）焊接类型。

b）数据库输出参数：

1）电压。

2）电流（送丝速度）。

3）移动速度。

4）摆幅频率。

5）摆幅。

6）摆幅 1 侧驻留时间。

7）摆幅 2 侧驻留时间。

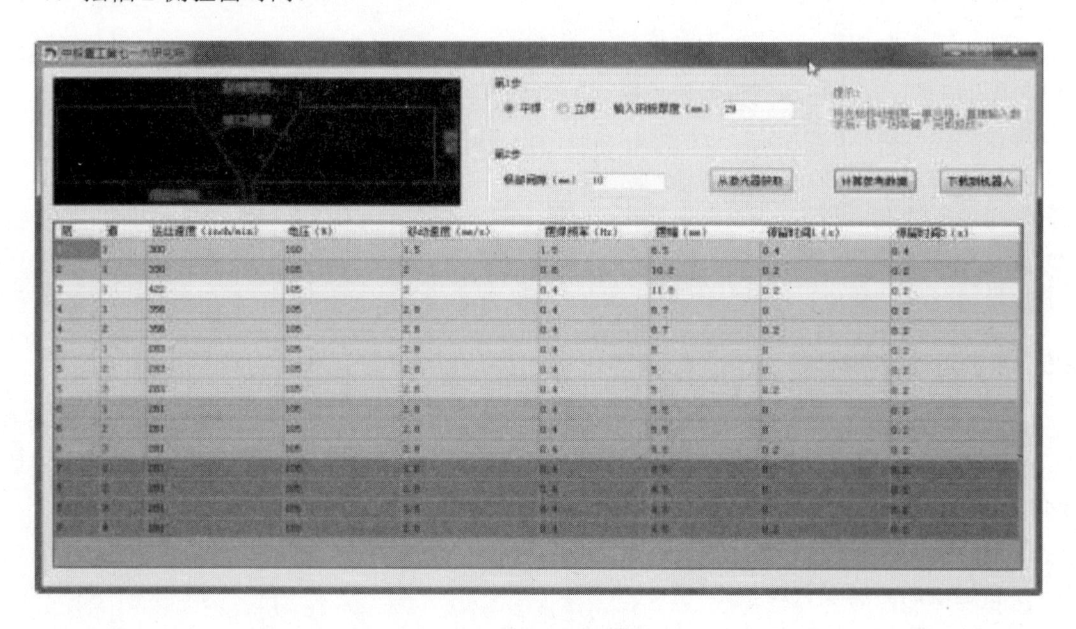

图 A.5　焊接工艺数据库

A.4.2.8　总控系统人机交互设计

总控系统监视控制终端主要用于工作数据反馈、运行状态显示、机器人焊接状态监控、定位控制、电磁吸附控制及状态急停。图 A.6 给出了机器人焊接系统的显示界面。

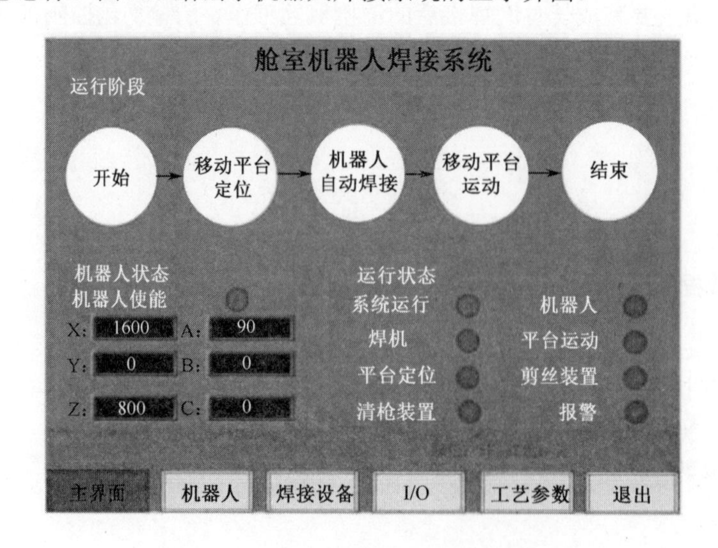

图 A.6　机器人焊接系统的显示界面

图 A.7 给出了机器人焊接系统的工艺参数设置界面，焊接工艺参数主要包括焊接工件信息（编号、材质、厚度、根隙宽度、坡口形式）、焊接电流、焊接电压、机器人焊接速度、焊接方式、层数、道数等。在该界面用户可以通过改变工艺参数的方式进行焊接试验，从而获得最优的工艺参数，并将其保存，形成焊接工艺专家数据库。同时，在进行实际焊接作业时，可以直接调用焊接工艺专家数据库的焊接工艺参数，运行机器人焊接系统程序。

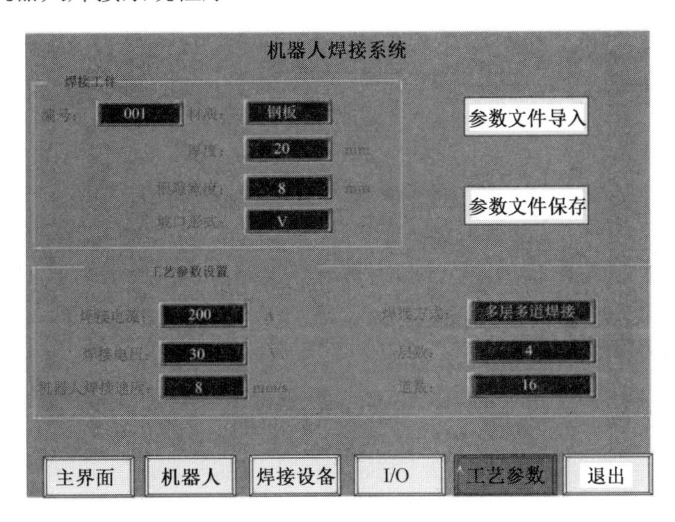

图 A.7 机器人焊接系统的工艺参数设置界面

A.4.3 质量控制和追溯设计

A.4.3.1 生产过程实时监控

平面分段 T 型材对口智能焊接系统的生产过程实时监控需包括如下部分：

a）设备状态监控：包括开停机时间、在加工型号等。

b）焊接参数监控：包括焊接电压、电流、速度等数值监测。

c）周转过程监控：包括发料、领料、交货、耗材识别码登记等。

d）车间视频监控：包括重点工位、过程检验、物流通道等。

e）焊缝跟踪监控：包括机器人焊接接触寻位/电弧、熔池跟踪等。

A.4.3.2 焊接质量跟踪系统设计

大型分段 T 型材对口智能焊接系统通过实现焊机的远程监控，对现场车间多台焊接设备进行工业组网，将数据传送到无线群控基站，由基站将数据通过网络接口方式传送到现场服务器，现场服务器采用基于 Web 方式的 B/S 架构，便于相关质量与工艺工程师监测现场电流、电压数据，绘制相关质量控制曲线。焊接过程传感与质量评价系统如图 A.8 所示。

焊接参数跟踪监测利用霍尔原理研发参数传感器，创新近红外窄带滤减光系统传感熔池图像，集成焊接参数与视觉系统传感物联网系统，形成一体化智能传感器。

A.4.3.3 物流实时跟踪系统设计

智能焊接车间通过 LAN/BUS 技术链接管理系统/生产系统/仓储系统，实现各环节信息的实时、准确传递。物料件在生产物流系统中到达每一个节点时，该节点的控制/管理系统通过识别码读写模块读入识别码标签内参数，确定待焊接结构件的身份/工艺信息，并根据相应信息自动完成相应的生产/输送工作，工作完成后将该节点工作结果写入数据库信息中。图 A.9 为物料参数智能识别系统。

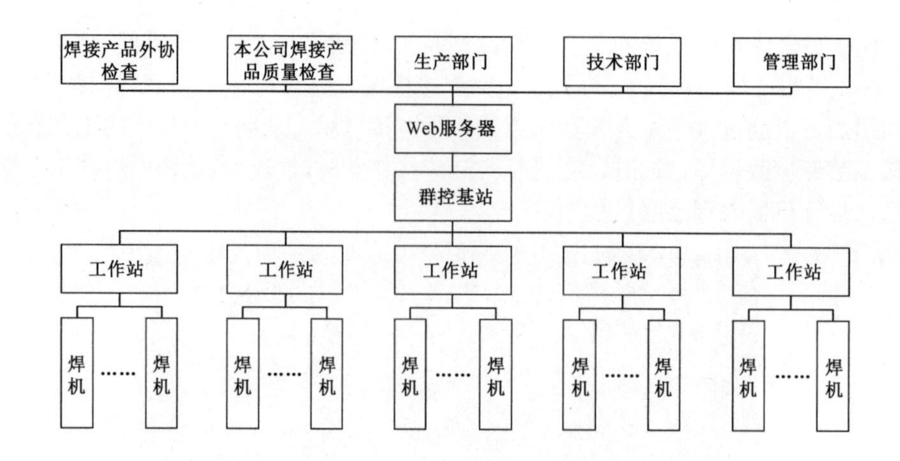

图 A.8　焊接过程传感与质量评价系统示意图

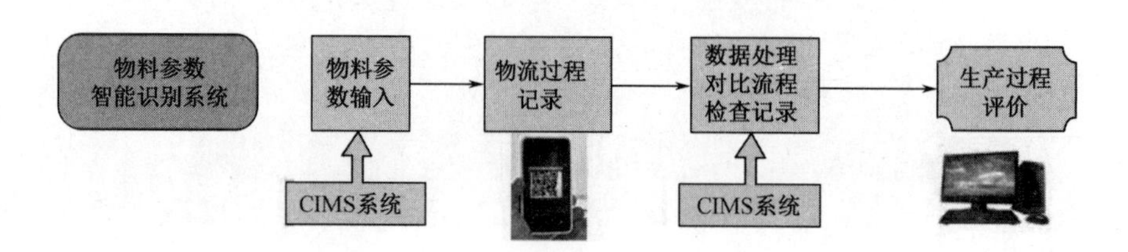

图 A.9　物料参数智能识别系统示意图

A.4.4　安全性设计

按 GB 19517—2004《国家电气设备安全技术规范》、GB 11291—1997《工业机器人安全规范》，确保设备、人员安全。

a）对有可能危及设备及人员安全的电源都设计有自动保护装置。

b）设备连接的电缆采用低烟无卤阻燃型电缆。

c）软件采用容错性设计，可对操作人员的误操作及时给予提示。对一些非法操作，软件拒绝执行并给出警示信息。

d）设备有良好的接地装置和标识，接地电阻小于 4Ω。

e）系统电源具有对过压、过流、过载、过热、浪涌、雷击等工况的合理保护功能。

f）设备在任何故障下不影响其他设备和操作人员的安全，无漏电，外壳无尖锐的边、角。电源隔离，插座输出应不会引起短路故障，交流电输入应与机内弱电电路隔离。不会因为设备故障造成交流电意外输出。

g）电源输入端与机壳之间（电源处于接通状态）的绝缘电阻在正常大气条件下应不小于 20MΩ；相互隔离的信号通道间绝缘电阻在正常大气条件下应不小于 20MΩ。

h）重要和反复拆卸的电连接器和电缆要有固定装置。

i）系统采用硬件设备与程序控制相结合的方法，以提高系统安全性能。

j）机器人系统在设计、制造和应用中应考虑到万一某个部件（电气、电子、机械、气动或液压）发生不可预见的失效时，安全功能应不受影响；若受影响时，机器人系统仍应保持在安全状态。安全功能至少应包括如下方面：限定运动范围、紧急停机和安全停机、联锁防护装置等。

k）电气设备，机器人及机器人系统电气设备的应用应符合 GB/T 5226.1—1996 的 4.3～4.7 节的要求。

l）电源及接地（保护接地）要求应符合制造厂产品标准的规定。

m）每个机器人系统都应有与其供电电源隔离的装置，该装置要设在不会造成人身伤害的安全之处，且具有断路或开路功能。

参考文献

[1] 蔡敏，崔剑，叶范波. 数字化工厂——建模、实施与评估[M]. 北京：科学出版社，2014.
[2] 范玉顺，王刚，高展. 企业建模理论与方法学导论[M]. 北京：清华大学出版社，2001.
[3] 黄浩，陈建亮，季良军.船体工艺手册[M]. 北京：国防工业出版社，2013.

反侵权盗版声明